大学入試 短期集中ゼミノート

記述試験対策

数学I＋A

福島國光

実教出版

本書の利用法

共通テストは思考力を重視する問題に変わりつつありますが，依然としてマークシートによる解答方式です。しかし，それに慣れきってしまっていると，はじめから終わりまできちんとした解答を作成する能力が備わってきません。

プロセスを大事にする記述式問題では，正解は出せたのに途中の式のために思わぬ減点，ということもあります。

本書は，記述に強くなって記述式問題への苦手意識を払拭することを主眼に編集した，書き込み式問題集です。

まずは，例題に当たり補足説明もよく読んで正しい記述のしかたを理解し，そして確認問題は例題の記述のしかたを参考にして書くとよいでしょう。続けて，マスター問題を解いて記述方法をしっかり身につけ，チャレンジ問題が完璧に解答できるようになれば，相当な自信がつくはずです。

健闘を祈ります。

※問題文に付記された大学名は，過去に同様の問題が入学試験に出題されたことを参考までに示したものです。

目次

1 因数分解

❖ やや複雑な因数分解 ❖

次の式を因数分解せよ。

(1) $(x+y+1)(x+6y+1)+6y^2$ 〈東海大〉

(2) $x^3y+x^2y^2+x^3+x^2y-xy-y^2-x-y$ 〈岐阜女子大〉

解 (1) $(x+y+1)(x+6y+1)+6y^2$

$x+1=A$ とおく。 ← $x+1$ を1つの項と見て展開する

$=(A+y)(A+6y)+6y^2$

$=A^2+7yA+12y^2=(A+3y)(A+4y)$

$=(x+1+3y)(x+1+4y)$

$=(x+3y+1)(x+4y+1)$ ——(答)

⬅式を見て，とりあえず展開してみないと身動きがとれない。

⬅このままでも正解であるが式は形よく整理しておく。

(2) $x^3y+x^2y^2+x^3+x^2y-xy-y^2-x-y$

← 文字が2種類以上ある式は，次数の低い文字 y でとりあえず整理してみる

$=(x^2-1)y^2+(x^3+x^2-x-1)y+x^3-x$

← y についての2次式。係数や定数項は因数分解しておく

$=(x+1)(x-1)y^2+(x+1)^2(x-1)y+x(x+1)(x-1)$

← $(x+1)(x-1)$ が共通因数になるからくくる

$=(x+1)(x-1)\{y^2+(x+1)y+x\}$

$=(x+1)(x-1)(y+1)(x+y)$ ——(答)

⬅x^3+x^2-x-1
$=x^2(x+1)-(x+1)$
$=(x+1)(x^2-1)$
$=(x+1)^2(x-1)$

⬅$y^2+(x+1)y+x$ を因数分解。

❖確認問題

次の因数分解をせよ。

(1) $a^3b-3a^2-4ab+12$ 〈大阪経大〉

(2) $2x^2-5xy-3y^2+x+11y-6$ 〈京都産大〉

◇マスター問題

次の因数分解をせよ。

(1) $(ab+1)(a+1)(b+1)+ab$ 〈福岡教育大〉

(2) $x^2-y^2-(y^2+xy)+3(yz+zx)$ 〈北海学園大〉

◆チャレンジ問題

次の因数分解をせよ。

$(x-3)(x-5)(x-7)(x-9)-9$ 〈福島大〉

2　式の値

❖ 対称式の式の値 ❖

(1)　$x+y=1,\ x^2+y^2=2$ のとき $x^3+y^3,\ x^4+y^4$ の値を求めよ。　〈工学院大〉

(2)　$x+\dfrac{1}{x}=4\ (x>1)$ のとき $x^2+\dfrac{1}{x^2},\ x-\dfrac{1}{x}$ の値を求めよ。　〈福岡工大〉

解 (1)　$x^2+y^2=(x+y)^2-2xy$ だから

xy の値を求めて，$x+y=$○，$xy=$● で計算を進める方針で

基本対称式
$x^2+y^2=(x+y)^2-2xy$
$x^3+y^3=(x+y)^3-3xy(x+y)$

$2=1^2-2xy$　よって，$xy=-\dfrac{1}{2}$

$x^3+y^3=(x+y)^3-3xy(x+y)=1^3-3\cdot\left(-\dfrac{1}{2}\right)\cdot 1=\dfrac{5}{2}$ ――(答)

$x^4+y^4=(x^2+y^2)^2-2x^2y^2$

$=2^2-2\cdot\left(-\dfrac{1}{2}\right)^2=\dfrac{7}{2}$ ――(答)

⬅$x^2=A,\ y^2=B$ とすると
$x^4+y^4=(x^2)^2+(y^2)^2$
$=A^2+B^2$
$=(A+B)^2-2AB$

(2)　$x^2+\dfrac{1}{x^2}=\left(x+\dfrac{1}{x}\right)^2-2=4^2-2=14$ ――(答)

$x\to x,\ y\to\dfrac{1}{x}$ とすると対称式が使える

⬅$x^2+y^2=(x+y)^2-2xy$
$x^2+\dfrac{1}{x^2}=\left(x+\dfrac{1}{x}\right)^2-2x\cdot\dfrac{1}{x}$

$\left(x-\dfrac{1}{x}\right)^2=x^2-2x\cdot\dfrac{1}{x}+\dfrac{1}{x^2}=14-2=12$

$x-\dfrac{1}{x}$ のままでは対称式が使えないから2乗する

$x>1$ だから $x-\dfrac{1}{x}>0$　よって，$x-\dfrac{1}{x}=\sqrt{12}=2\sqrt{3}$ ――(答)

条件から $x-\dfrac{1}{x}$ の値を吟味する

❖確認問題

$x+y=2\sqrt{5},\ xy=-3$ のとき，$x^3+x^2y+xy^2+y^3=$ □ である。

〈金沢工大〉

◇マスター問題

$x+y=\sqrt{3}$，$x^2+y^2=5$ のとき，x^3+y^3，$\dfrac{y}{x^2}+\dfrac{x}{y^2}$ の値を求めよ。 〈神戸薬科大〉

◆チャレンジ問題

$x=\dfrac{\sqrt{5}+1}{2}$ のとき，$x^2+\dfrac{1}{x^2}=\square$，$x^3+\dfrac{1}{x^3}=\square$，$x^4-\dfrac{1}{x^4}=\square$ である。

〈近畿大〉

3 整数部分と小数部分

❖ 無理数の整数部分と小数部分 ❖

$\dfrac{\sqrt{2}+1}{\sqrt{2}-1}$ の整数部分を a，小数部分を b とするとき，

$a+\dfrac{4}{b}=\boxed{}+\boxed{}\sqrt{\boxed{}}$ である。〈東京工芸大〉

解 $\dfrac{\sqrt{2}+1}{\sqrt{2}-1}=\dfrac{(\sqrt{2}+1)^2}{(\sqrt{2}-1)(\sqrt{2}+1)}=3+2\sqrt{2}$

まず有理化する

$2\sqrt{2}=\sqrt{8}$ より $\sqrt{4}<\sqrt{8}<\sqrt{9}$

$\sqrt{8}$ がどれくらいの値なのか自然数を $\sqrt{}$ を使って表し，不等式で押さえる

$2<2\sqrt{2}<3$ だから $5<3+2\sqrt{2}<6$

各辺に3を加える

よって，整数部分 $a=5$

小数部分 $b=(3+2\sqrt{2})-5=2(\sqrt{2}-1)$

$3+2\sqrt{2}$ から整数5を引くと小数が残る

$$a+\frac{4}{b}=5+\frac{4}{2(\sqrt{2}-1)}=5+\frac{4(\sqrt{2}+1)}{2(\sqrt{2}-1)(\sqrt{2}+1)}$$

$$=5+2\sqrt{2}+2=\boxed{7}+\boxed{2}\sqrt{\boxed{2}}$$ ——(答)

⬅ $(\sqrt{a}+\sqrt{b})(\sqrt{a}-\sqrt{b})=a-b$ を利用して有理化する。

$\sqrt{N}$ の整数部分
$\sqrt{n^2}<\sqrt{N}<\sqrt{(n+1)^2}$
自然数 n を使って挟み込む。

［注意］ $1<\sqrt{2}<2$ より，各辺2倍して $2<2\sqrt{2}<4$ とする変形は，大雑把なため整数が1つに押さえきれない。必ず $\sqrt{N}$ の形にして，次の式を使う。

$$\sqrt{n^2}\leqq\sqrt{N}<\sqrt{(n+1)^2}\iff n\leqq\sqrt{N}<n+1$$

❖確認問題

$\dfrac{\sqrt{7}+1}{\sqrt{7}-1}$ の整数部分は $\boxed{}$ で，小数部分は $\boxed{}$ である。〈神奈川大〉

◇マスター問題

$\dfrac{3}{\sqrt{7}-2}$ の整数部分を a，小数部分を b とするとき，a，$ab+b^2$ の値を求めよ。〈愛知工大〉

◆チャレンジ問題

$x=1+\sqrt{2}+\sqrt{3}$，$y=1+\sqrt{2}-\sqrt{3}$ とする。xy の値は□であり，x^2+y^2 の値は□である。また，$\dfrac{3}{x}+\dfrac{3}{y}$ の値の整数部分は□である。〈北里大〉

4 絶対値を含む方程式・不等式

❖ 絶対値を含む方程式 ❖

方程式 $|x|+2|x-1|=x+3$ を解け。 〈明治大〉

解 $|x|+2|x-1|=x+3$

絶対値記号を定義に従ってはずす
$x=0$, $x=1$ が場合分けの分岐点

(絶対値)=0 となる点が符号の変わり目になる。

(iii) (ii) (i)
0 1 x
$|x|$の分岐点 $|x-1|$の分岐点

(i) $x \geqq 1$ のとき

$x+2(x-1)=x+3$

$2x=5$ より $x=\dfrac{5}{2}$ ($x \geqq 1$ を満たす)

(ii) $0 \leqq x < 1$ のとき

$x-2(x-1)=x+3$

$-2x=1$ より $x=-\dfrac{1}{2}$ ($0 \leqq x < 1$ を満たさない)

(iii) $x<0$ のとき

$-x-2(x-1)=x+3$

$-4x=1$ より $x=-\dfrac{1}{4}$ ($x<0$ を満たす)

求めた解が，場合分けした条件を満たすかどうかの吟味は大切である

$|a|$
$a \geqq 0$ のとき a
$a<0$ のとき $-a$

(i), (ii), (iii) より $x=\dfrac{5}{2}$, $-\dfrac{1}{4}$ ―――(答)

答えはまとめてかいておく

❖確認問題

次の方程式，不等式を解け。

(1) $|x-3|=-2x+4$ 〈杏林大〉

(2) $2|x-2| \leqq x+2$ 〈中央大〉

◇マスター問題

等式 $|x|+|1-2x|=3$ を満たす実数 x をすべて求めよ。 〈愛媛大〉

◇チャレンジ問題

条件 $|a-2|+|a|=2$ を満たす a の値の範囲を求めよ。
また，不等式 $\sqrt{x^2-4x+4}+\sqrt{x^2}<4$ を解け。 〈南山大〉

5　2次関数の決定(1)

❖ 頂点に関する条件と2次関数 ❖

グラフが2点 $(-1,\ -5)$，$(3,\ -5)$ を通る2次関数 $f(x)$ は，最大値3をとるという。この2次関数 $f(x)$ を求めよ。〈長崎科学大〉

解　条件より $y=f(x)=a(x-p)^2+3$ $(a<0)$ とおくと

最大値が3だから頂点の y 座標は3なので
$y=a(x-p)^2+q$ の式で，$a<0$，$q=3$ である

点 $(-1,\ -5)$，$(3,\ -5)$
を通るから

通る点は，式に代入して条件式をつくる

頂点が $(p,\ q)$
$y=a(x-p)^2+q$

$f(-1)=a(-1-p)^2+3=-5$　⬅ $(-1-p)^2=(1+p)^2$

$a(1+p)^2=-8$ ……①

$f(3)=a(3-p)^2+3=-5$

$a(3-p)^2=-8$ ……②

式は整理して①，②とおく。

①÷② より

①，②の両辺を辺々割る。①を $a=\dfrac{-8}{(1+p)^2}$ として②に代入してもよい

$\dfrac{a(1+p)^2}{a(3-p)^2}=\dfrac{-8}{-8}=1$，$(1+p)^2=(3-p)^2$

$1+2p+p^2=9-6p+p^2$　ゆえに　$p=1$

①に代入して $4a=-8$ より　$a=-2$ ($a<0$ を満たす)

よって，$f(x)=-2(x-1)^2+3$　　$(f(x)=-2x^2+4x+1)$ ――(答)

❖確認問題

次の条件を満たす2次関数を求めよ。〈岡山理科大〉

(1) グラフの頂点が $(2,\ -1)$ で，点 $(4,\ 3)$ を通る。

(2) グラフの軸が直線 $x=3$ で，2点 $(4,\ 1)$，$(1,\ -5)$ を通る。

◇マスター問題

2点 $(-1,\ 4)$，$(5,\ 4)$ を通り，頂点で x 軸に接する放物線の方程式を求めよ。〈法政大〉

◇チャレンジ問題

放物線 $y=2x^2$ を平行移動したもので，点 $(1,\ 3)$ を通り，頂点が直線 $y=2x-3$ 上にある放物線の方程式を求めよ。〈兵庫医大〉

6　2次関数の決定(2)

❖ 定義域と最大，最小 ❖

a を負の定数とする。2次関数 $y=ax^2-2ax+b$ の $-2 \leqq x \leqq 2$ における最大値が12，最小値が -6 のとき，a，b の値を求めよ。〈同志社大〉

解　$y=ax^2-2ax+b\ (-2 \leqq x \leqq 2)$

最大，最小は平方完成することから始まる

$=a(x-1)^2-a+b$

軸 $x=1$ と定義域 $-2 \leqq x \leqq 2$ の関係を押さえる。$a<0$ だからグラフは上に凸

⬅定義域とグラフの軸との位置関係を明確にする。

グラフは右のようになるから

最大値は $x=1$ のとき

$y=-a+b=12$

$a-b=-12$ ……①

最小値は $x=-2$ のとき

$y=4a+4a+b=-6$

$8a+b=-6$ ……②

式は整理して①，②とおく。

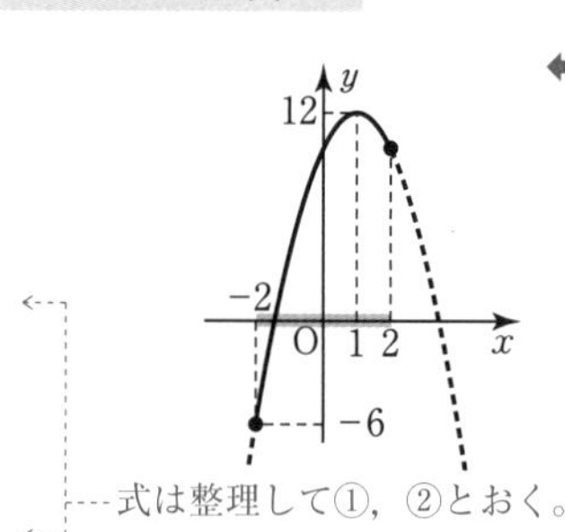

⬅グラフを答案にかいておく。定義域 $-2 \leqq x \leqq 2$ と軸の位置 $x=1$ がグラフの要点になる。

①，②を解いて

$a=-2$，$b=10$　($a<0$ を満たす) ――(答)

❖確認問題

a，b を定数とし，$a>0$ とする。関数 $y=ax^2+2ax+b\ (-2 \leqq x \leqq 2)$ の最大値が47，最小値が2であるとき，$a=$□，$b=$□ である。〈金沢工大〉

◆マスター問題

2 次関数 $y=ax^2+4ax+a+2$ の $-4 \leqq x \leqq 2$ における最大値が 8 となる a の値を求めよ。

〈東海大〉

◆チャレンジ問題

2 次関数 $y=ax^2-4ax+b$ の $1 \leqq x \leqq 4$ における最大値が 6 で最小値が 2 である。このとき，定数 a，b の値を求めよ。

〈広島工大〉

7　2次関数の最大，最小

❖ グラフが動く場合の最大，最小 ❖

2次関数 $y=-x^2+2ax-a$ の $0 \leqq x \leqq 1$ における最大値が2となるときの a の値を求めよ。〈摂南大〉

解　$y=f(x)=-x^2+2ax-a$ とすると

$=-(x-a)^2+a^2-a$　まず，平方完成する

⬅$y=f(x)$ とおくと，x の値を代入するとき楽である。

グラフは上に凸で，軸が $x=a$ だから，次のように分類される。

(i) $a<0$ のとき

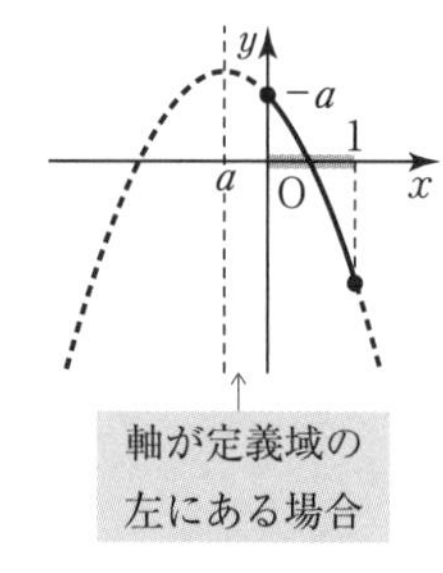

最大値は $f(0)=-a$

$-a=2$ より $a=-2$

($a<0$ を満たす)

(ii) $0 \leqq a \leqq 1$ のとき

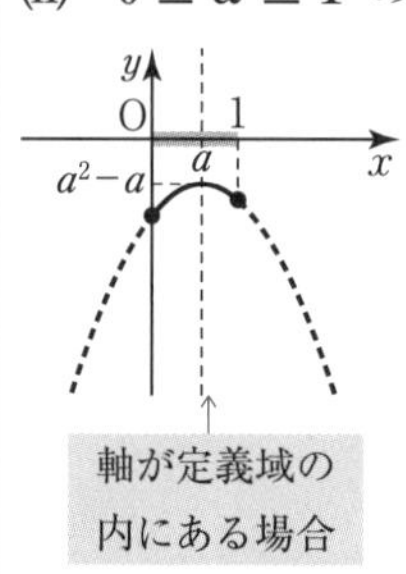

最大値は $f(a)=a^2-a$

$a^2-a=2$ より

$a=-1,\ 2$

($0 \leqq a \leqq 1$ を満たさない)

(iii) $1<a$ のとき

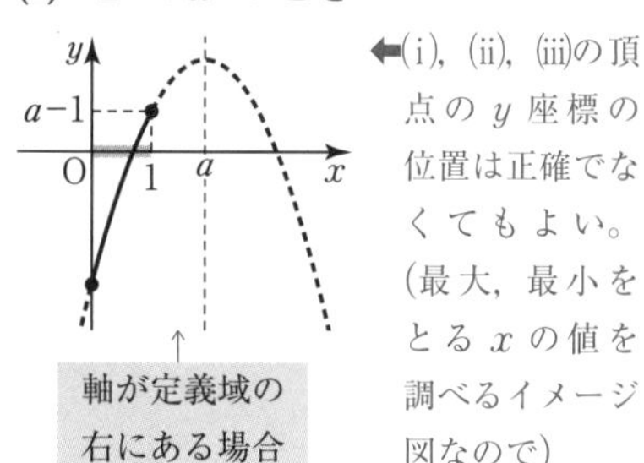

⬅(i)，(ii)，(iii)の頂点の y 座標の位置は正確でなくてもよい。(最大，最小をとる x の値を調べるイメージ図なので)

最大値は $f(1)=a-1$

$a-1=2$ より $a=3$

($a>1$ を満たす)

以上より　$a=-2,\ 3$ ―――(答)

❖確認問題

2次関数 $y=x^2-4x+5$ $(0 \leqq x \leqq a)$ の最小値 m を求めよ。また，最大値 M を求めよ。ただし，a は正の定数とする。

◇マスター問題

$a>0$ とし，2 次関数 $f(x)=x^2-2ax+2a$ $(0 \leqq x \leqq 2)$ の最小値を $m(a)$ とする。このとき，$m(a)$ の最大値と，そのときの a の値を求めよ。 〈富山県立大〉

◆チャレンジ問題

a を実数の定数とする。$-1 \leqq x \leqq 1$ を満たすすべての x に対して，不等式 $x^2-2ax-a+2>0$ が成り立つとき，a のとりうる値の範囲を求めよ。 〈日本大〉

8　条件がある場合の最大，最小

❖条件がある場合の最大，最小❖

$x \geqq 0$，$y \geqq 0$，$2x+y=2$ のとき，x^2+y^2 の最大値，最小値，およびそのときの x，y の値を求めよ。　〈東京薬大〉

解　$P=x^2+y^2$ とおいて $y=2-2x$ を代入。

（x^2+y^2 の値は x，y とは別の文字 P や z で表す）

⬅1 文字を消去して，1 変数の関数で考えるのは数学のセオリー。

$=x^2+(2-2x)^2$

$=5x^2-8x+4$

$=5\left(x-\dfrac{4}{5}\right)^2+\dfrac{4}{5}$

（x の 2 次関数だから $y=a(x-p)^2+q$ の形をつくる）

ここで，$x \geqq 0$，$y=2-2x \geqq 0$ だから $0 \leqq x \leqq 1$

（条件から x のとりうる値の範囲を求める）

⬅グラフ（下図）をかいて最大値，最小値を求める。

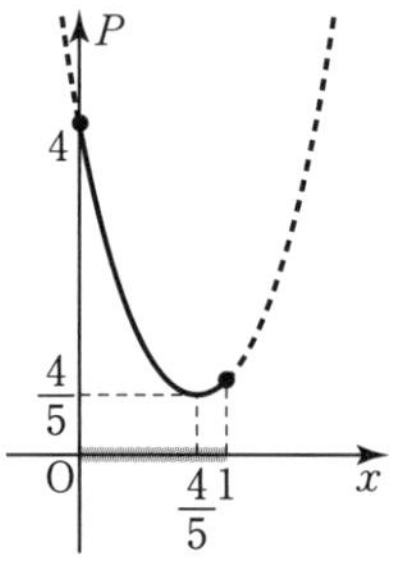

右のグラフより P は

$x=0$ のとき最大値 4，　このとき $y=2$

$x=\dfrac{4}{5}$ のとき最小値 $\dfrac{4}{5}$，このとき $y=\dfrac{2}{5}$

である。

（$y=2-2x$ に代入して，y の値を求める。このとき，y の値を最大値，最小値と誤らないこと）

よって，$x=0$，$y=2$　のとき　最大値 4

$x=\dfrac{4}{5}$，$y=\dfrac{2}{5}$　のとき　最小値 $\dfrac{4}{5}$ ———(答)

❖確認問題

$x \geqq 0$，$y \geqq 0$，$x+2y=6$ を満たすとき，y のとりうる値の範囲は $\square \leqq y \leqq \square$ であり，x^2+2y^2 の最大値は$\square$である。　〈東海大〉

◇マスター問題

$x \geqq 0$, $y \geqq 0$, $x+y=2$ のとき，$2x^2+y^2$ は $x=$ □ のとき最大値□，$x=$ □ のとき最小値□をとる。

〈青山学院大〉

◇チャレンジ問題

実数 x，y が $3x^2+2y^2=6x$ を満たすとき，x^2+2y^2 の最大値は□であり，最小値は□である。

〈中部大〉

9　合成関数の最大，最小

❖ 合成関数の最大，最小 ❖

関数 $y=(x^2-2x-1)(x^2-2x-5)-3$ について

(1)　$x^2-2x=t$ とおくとき，y を t の式で表せ。

(2)　y の最小値を求めよ。また，そのときの x の値を求めよ。　〈関西大〉

解 (1)　$y=(x^2-2x-1)(x^2-2x-5)-3$

$=(t-1)(t-5)-3$　　$x^2-2x=t$ とおく

$=t^2-6t+2$ ―――(答)

$=(t-3)^2-7$

⬅ t の 2 次関数になる。

2 次関数の最大，最小
$y=a(x-p)^2+q$ と変形。

(2)　$t=x^2-2x$ ←― t のとりうる値の範囲を押さえる

$=(x-1)^2-1\geqq-1$　より

$t\geqq-1$ ←― 定義域になる

$t=x^2-2x$

(式から $t\geqq-1$ がわかればグラフはかかなくてよい。)

右のグラフより，最小値は

$t=3$ のとき -7

このとき　$x^2-2x=3$

$(x+1)(x-3)=0$　　$t=3$ となる x の値を求める

$x=-1,\ 3$

よって，$x=-1,\ 3$ のとき

最小値 -7 ―――(答)

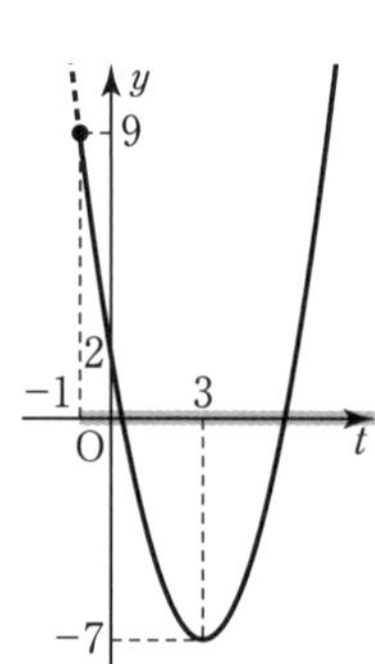

⬅ $y=t^2-6t+2\ (t\geqq-1)$ の最小値を求める。

(グラフは答えの一部だからしっかりかく。)

❖確認問題

関数 $y=(x^2-2x-1)^2+8(x^2-2x-1)+9$ の最小値と，そのときの x の値を求めよ。

〈中部大〉

◇マスター問題

x の関数 $y=(x^2-2x)(x^2-2x-4)-2$ が与えられている。

(1) $t=x^2-2x$ とおくとき，y を t の式で表せ。

(2) $0 \leqq x \leqq 3$ における y の最大値と最小値，およびそのときの x の値を求めよ。〈北海学園大〉

◇チャレンジ問題

実数 x，y が $x^2+y^2=\dfrac{1}{2}$ を満たしているとき，$T=x^2-6xy+9y^2-2x+6y-5$ の最大値，最小値を調べたい。ここで，$t=x-3y$ とおくとき，次の問いに答えよ。

(1) t のとりうる値の範囲を求めよ。　　(2) T を t の式で表せ。

(3) T の最大値と最小値を求めよ。(そのときの x，y の値は求めなくてよい。)　〈金沢工大〉

10　2次方程式の解と2次関数のグラフ

❖2次方程式の解とグラフとの関係❖

2次方程式 $x^2-2ax+3a=0$ が次のような解をもつように定数 a の値の範囲を定めよ。

(1)　1より大きい解と小さい解をもつ。　(2)　2より大きい2つの解をもつ。

〈東京工科大〉

解　$y=f(x)=x^2-2ax+3a$ とおいて

$y=f(x)$ のグラフで考える。

(1)　右のグラフから

$f(1)<0$ であればよい。

$f(1)=1-2a+3a<0$

よって　$a<-1$ ――(答)

$x=1$ で $y<0$ とすれば，グラフの形から必ず $x=1$ の右と左で x 軸と交わる

グラフは解答の一部としてかいておく

(2)　$y=f(x)$ が右図のようになればよいから

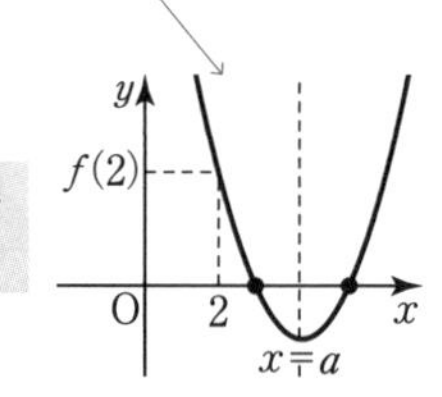

$D/4=(-a)^2-3a\geqq 0$　← 異なる2つの解といっていないので重解もよいから $D\geqq 0$

$a(a-3)\geqq 0$

$a\leqq 0,\ 3\leqq a$ ……①

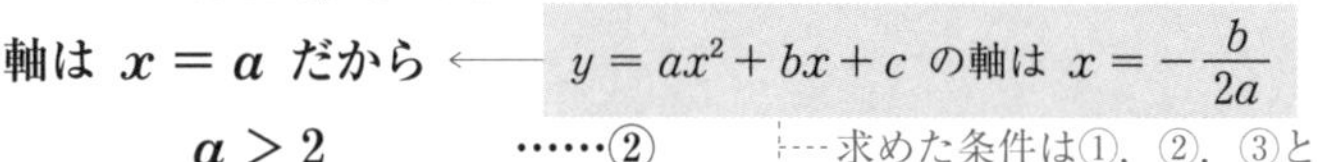

軸は $x=a$ だから ← $y=ax^2+bx+c$ の軸は $x=-\dfrac{b}{2a}$

$a>2$ ……②

求めた条件は①，②，③と番号をつけると見やすい。

$f(2)=4-4a+3a>0$ より

$a<4$ ……③

グラフと x 軸との関係
判別式 D の符号　軸の位置
$f(k)$ の正負

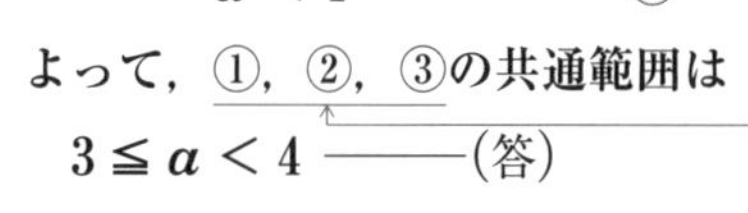

よって，①，②，③の共通範囲は

$3\leqq a<4$ ――(答)

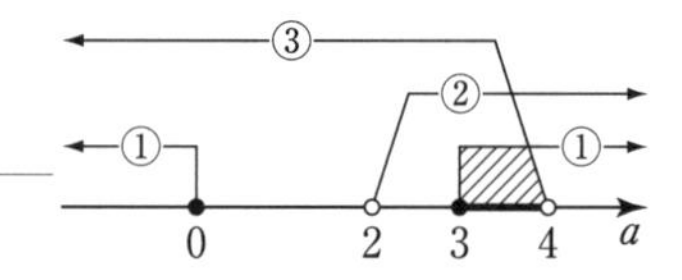

❖確認問題

2次方程式 $3x^2-2ax+a^2-6a=0$ について，次のような解をもつように定数 a の値の範囲を定めよ。

(1)　-1 より大きい解と小さい解をもつ。　(2)　3より大きい解と負の解をもつ。

〈(2)，法政大〉

◆マスター問題

2次方程式 $x^2-2kx+k+2=0$ について，次のような定数 k の値の範囲を求めよ。

(1) 1より大きな異なる2つの実数解をもつ。

(2) 2つの実数解 α，β が $1<\alpha<2$ かつ $2<\beta<3$ を満たす。 〈帝京大〉

◆チャレンジ問題

放物線 $y=x^2+ax+2$ と直線 $y=x+1$ が相異なる2点で交わり，それらの x 座標がともに -2 と2の間にあるような定数 a の値の範囲を求めよ。 〈佐賀大〉

11 2次不等式

❖文字を含む2次不等式の解❖

$x^2-2x-a^2+2a \leqq 0$ を満たす x の値の範囲は $a=$ □ のとき $x=$ □，$a<$ □ のとき □ $\leqq x \leqq$ □，$a>$ □ のとき □ $\leqq x \leqq$ □ である。

〈日本大〉

解 $x^2-2x-a^2+2a \leqq 0$

因数分解することを考える

←文字を含む2次不等式はたいてい因数分解できる。

$x^2-2x-a(a-2) \leqq 0$

2次式はタスキ掛け

←
$$\begin{array}{ccccc} 1 & \diagdown\!\!\!\!\diagup & -a & \cdots\cdots & -a \\ 1 & & a-2 & \cdots\cdots & a-2 \\ \hline & & & & -2 \end{array}$$

$(x-a)(x+a-2) \leqq 0$

$(x-a)(x+a-2)=0$ の解が $x=a,\ -a+2$ だから，a と $-a+2$ の大小を比較する

$a=-a+2$，すなわち $a=\boxed{1}$ のとき

与式に代入して，不等式の形を見る

$(x-1)^2 \leqq 0$

となるから $x=\boxed{1}$

$a<-a+2$，すなわち $a<\boxed{1}$ のとき

$\boxed{a} \leqq x \leqq \boxed{-a+2}$

$a>-a+2$，すなわち $a>\boxed{1}$ のとき

$\boxed{-a+2} \leqq x \leqq \boxed{a}$ ――(答)

←$(x-\alpha)(x-\beta)<0$ の解

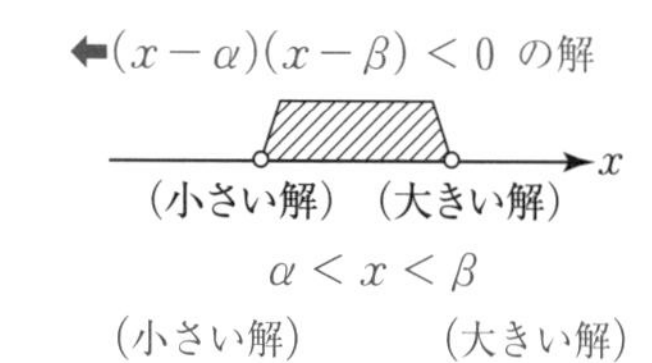

$\alpha < x < \beta$
(小さい解)　(大きい解)

❖確認問題

次の2次不等式を解け。ただし，a は定数とする。

(1) $(x-3)(x-a) \geqq 0$

(2) $x^2-x+a(1-a)<0$ 〈関西大〉

◆マスター問題

$a>0$ とする。2次不等式 $x^2+(2-a)x-2a<0$ を解くと $\square<x<\square$ となり，2次不等式 $x^2+2(a-1)x-4a>0$ を解くと $x<\square$，$\square<x$ となる。

この2つの2次不等式が共通範囲をもたないような a の値の範囲は $\square\leqq a\leqq\square$ となる。 〈立命館大〉

◆チャレンジ問題

連立不等式 $\begin{cases}x^2+x-56<0\\x^2-8x-9>0\end{cases}$ の解は $\square<x<\square$ ……①である。

不等式①を満たす x に対して不等式 $x^2-ax-6a^2>0$ が成り立つような定数 a のとりうる値の範囲は $\square\leqq a\leqq\square$ である。 〈関西学院大〉

12　不等式が含む整数の個数

❖解を数直線で考える❖

不等式 $x^2-(a^2-2a+1)x+a^2-2a<0$ を満たす整数が2だけであるような定数 a の値の範囲を求めよ。　〈津田塾大〉

解　$x^2-(a^2-2a+1)x+a^2-2a<0$

x の2次式だから，タスキ掛けを試みる

$(x-1)(x-a^2+2a)<0$

⬅ $1 \quad -1 \quad \cdots\cdots \; -1$
$1 \quad -(a^2-2a) \quad \cdots\cdots \; -a^2+2a$
$1 \quad a^2-2a \quad\quad -(a^2-2a+1)$

$(x-1)(x-a^2+2a)=0$ の解である $x=1$ と $x=a^2-2a$ の大小で場合分け

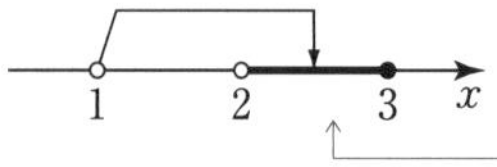

2だけを含むのは

$1<a^2-2a$ のときだから，下図より

1　2　3　x

$2<a^2-2a\leqq 3$ となればよい。

2を含むためには，まず $2<a^2-2a\leqq 3$ が押さえられる。ただし，$a^2-2a=2$ or 3のときは実際に解を求める

$2<a^2-2a$ より $a^2-2a-2>0$

$a<1-\sqrt{3}$，$1+\sqrt{3}<a$　……①

$a^2-2a\leqq 3$ より $(a+1)(a-3)\leqq 0$

$-1\leqq a\leqq 3$　……②

$a^2-2a=2$ のとき解が $1<x<2$ となり不適
$a^2-2a=3$ のとき解が $1<x<3$ となり適する

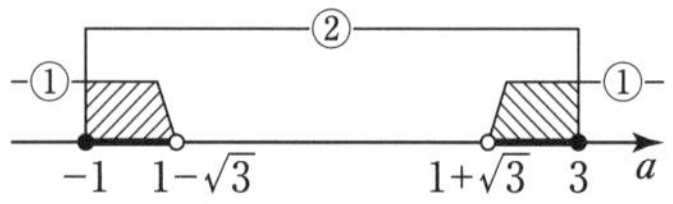

②　①　①
-1　$1-\sqrt{3}$　$1+\sqrt{3}$　3　a

⬅共通範囲を数直線上に図示する。

よって，$-1\leqq a<1-\sqrt{3}$，$1+\sqrt{3}<a\leqq 3$ ――(答)

❖確認問題

不等式 $2x-4<-x+a$ を満たす自然数がちょうど4個であるように，定数 a の値の範囲を定めよ。

◇マスター問題

a を定数とする。不等式 $x^2-(4a+1)x+4a^2+2a<0$ を満たす x の値の範囲は□である。また，$x^2-(4a+1)x+4a^2+2a<0$ を満たす整数 x が $x=2$ だけであるような a の値の範囲は□である。

〈愛知工大〉

◇チャレンジ問題

2つの関数 $f(x)=-x^2+2x+3$，$g(x)=x^2-a^2$ （ただし，$a>0$）について，以下の問いに答えよ。

(1) $f(x)>0$ を満たす整数 x の値を求めよ。

(2) $f(x)>0$ と $g(x)<0$ を同時に満たす整数 x の個数と，そのときの定数 a の値の範囲を求めよ。

〈北星学園大〉

13 すべての x で $ax^2+bx+c>0$ が成り立つ

❖ $ax^2+bx+c>0$ が常に成り立つ条件 ❖

2 次不等式 $kx^2-2(k+1)x+4k+2>0$ $(k \neq 0)$ について，次の問いに答えよ。

(1) すべての実数 x で成り立つように，実数 k の値の範囲を定めよ。

(2) 解をもたないように k の値の範囲を定めよ。 〈国士館大〉

解 (1) $kx^2-2(k+1)x+4k+2>0$

が，すべての実数 x で成り立つためには，

$k>0$ かつ $D<0$ ならばよい。

$y=kx^2-2(k+1)x+4k+2$ のグラフが下に凸で x 軸より上側にあればよい

$D/4=(k+1)^2-k(4k+2)$

$=-3k^2+1<0$ より $3k^2-1>0$

$(\sqrt{3}k-1)(\sqrt{3}k+1)>0$ より $k<-\dfrac{\sqrt{3}}{3}$，$\dfrac{\sqrt{3}}{3}<k$

判別式とグラフ

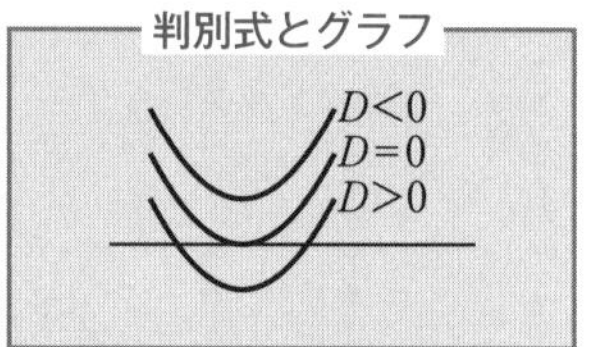

$k>0$ だから $k>\dfrac{\sqrt{3}}{3}$ ——(答)

(2) $kx^2-2(k+1)x+4k+2>0$

が，解をもたないためには

$k<0$ かつ $D \leqq 0$ ならばよい。

$y=kx^2-2(k+1)x+4k+2$ のグラフが上に凸で，x 軸に接するか下側にあればよい

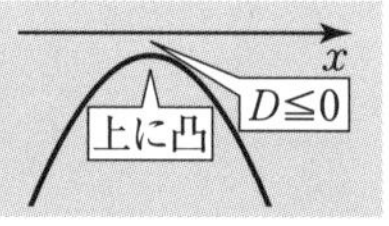

(1)より $k \leqq -\dfrac{\sqrt{3}}{3}$ ——(答)

❖確認問題

2 次関数 $y=(k-1)x^2+(k-1)x+1$ のグラフについて，次のようになるための k の値の範囲を求めよ。

(1) グラフが下に凸。

(2) x 軸と共有点をもたない。

(3) すべての実数 x で $y>0$ となる。

◇マスター問題

すべての実数 x に対して二次不等式 $ax^2+(a+1)x+a<0$ が成り立つような定数 a の値の範囲を求めよ。　〈千葉工大〉

◇チャレンジ問題

すべての実数 x, y に対して

$$x^2-2(a-1)x+y^2+(a-2)y+1 \geqq 0$$

が成り立つような a の値の範囲を求めよ。　〈阪南大〉

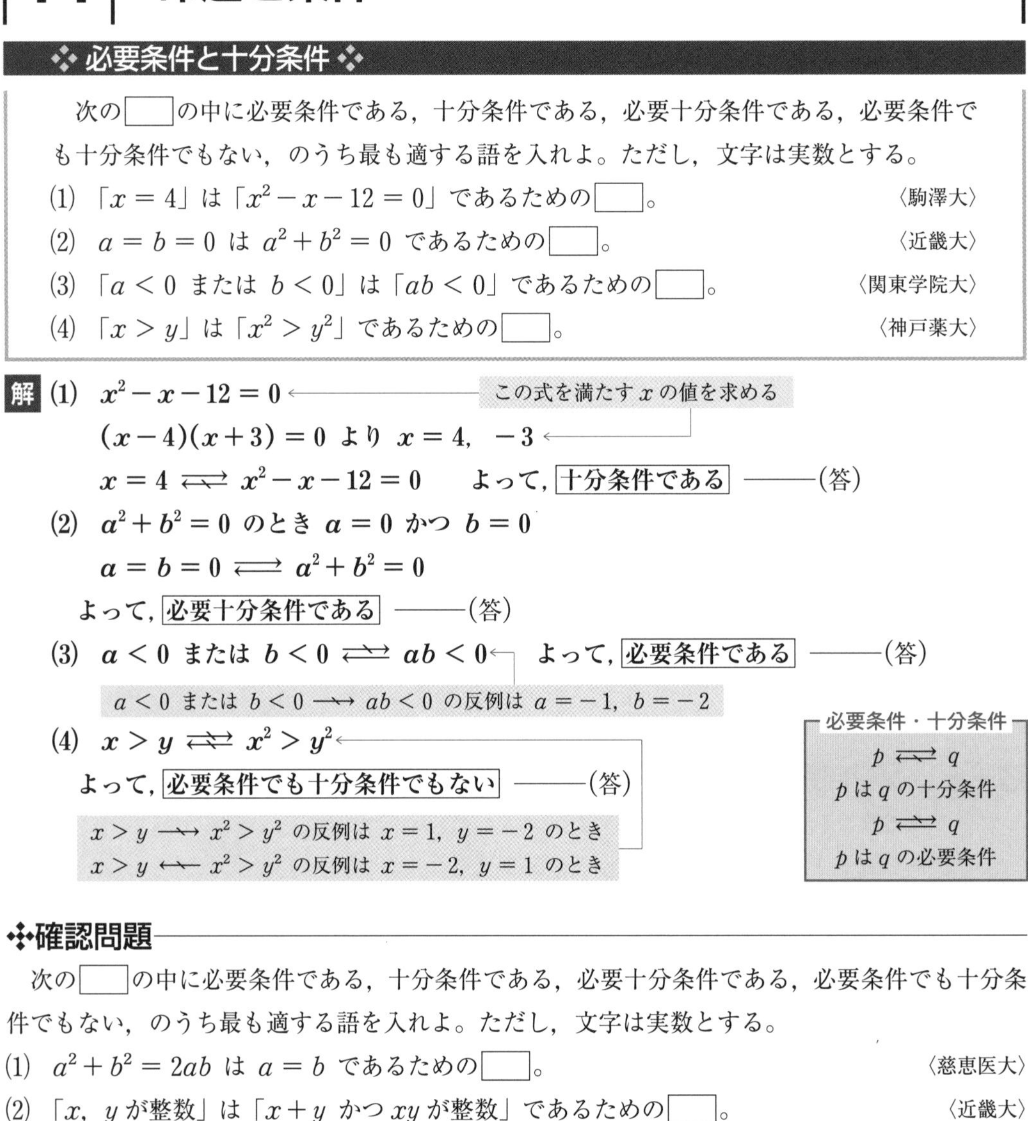

14　命題と条件

❖ 必要条件と十分条件 ❖

次の□の中に必要条件である，十分条件である，必要十分条件である，必要条件でも十分条件でもない，のうち最も適する語を入れよ。ただし，文字は実数とする。

(1) 「$x=4$」は「$x^2-x-12=0$」であるための□。〈駒澤大〉

(2) $a=b=0$ は $a^2+b^2=0$ であるための□。〈近畿大〉

(3) 「$a<0$ または $b<0$」は「$ab<0$」であるための□。〈関東学院大〉

(4) 「$x>y$」は「$x^2>y^2$」であるための□。〈神戸薬大〉

解 (1) $x^2-x-12=0$ ← この式を満たす x の値を求める

$(x-4)(x+3)=0$ より $x=4,\ -3$

$x=4 \underset{\not\longleftarrow}{\longrightarrow} x^2-x-12=0$　よって，**十分条件である** ―――(答)

(2) $a^2+b^2=0$ のとき $a=0$ かつ $b=0$

$a=b=0 \underset{\longleftarrow}{\longrightarrow} a^2+b^2=0$

よって，**必要十分条件である** ―――(答)

(3) $a<0$ または $b<0 \underset{\longleftarrow}{\not\longrightarrow} ab<0$　よって，**必要条件である** ―――(答)

$a<0$ または $b<0 \not\longrightarrow ab<0$ の反例は $a=-1,\ b=-2$

(4) $x>y \underset{\not\longleftarrow}{\not\longrightarrow} x^2>y^2$

よって，**必要条件でも十分条件でもない** ―――(答)

$x>y \not\longrightarrow x^2>y^2$ の反例は $x=1,\ y=-2$ のとき

$x>y \not\longleftarrow x^2>y^2$ の反例は $x=-2,\ y=1$ のとき

必要条件・十分条件

$p \underset{\not\longleftarrow}{\longrightarrow} q$

p は q の十分条件

$p \underset{\longleftarrow}{\not\longrightarrow} q$

p は q の必要条件

❖確認問題

次の□の中に必要条件である，十分条件である，必要十分条件である，必要条件でも十分条件でもない，のうち最も適する語を入れよ。ただし，文字は実数とする。

(1) $a^2+b^2=2ab$ は $a=b$ であるための□。〈慈恵医大〉

(2) 「$x,\ y$ が整数」は「$x+y$ かつ xy が整数」であるための□。〈近畿大〉

(3) 「$|x|\leqq 1$」は「$x^2+2x\leqq 0$」であるための□。〈大阪産大〉

(4) 「四角形の対角線の長さが等しい」ことは「長方形である」ための□。〈関東学院大〉

(5) $cd=0$ であることは $c^2+d^2=0$ であるための□。〈星薬大〉

◇マスター問題

次の□の中に必要条件である，十分条件である，必要十分条件である，必要条件でも十分条件でもない，のうち最も適する語を入れよ。ただし，n は自然数，それ以外の文字はすべて実数とする。

(1) 「ab が無理数」は「a と b がともに無理数」であるための□。〈甲南大〉

(2) 「n^2 が 3 の倍数」は「n が 3 の倍数」であるための□。〈大阪産大〉

(3) 「$b < 0$」は「2 次方程式 $x^2 + ax + b = 0$ が実数解をもつ」ための□。〈慈恵医大〉

(4) 「$x + y + z > 3$」は「x，y，z の少なくとも 1 つは 1 以上」であるための□。〈上智大〉

◇チャレンジ問題

自然数 m，n に関する次の条件を考える。

p「$m \geqq 2$」，　q「$n \geqq 2$」，　r「$m + n \geqq 3$」，　s「$mn \geqq 4$」

このとき，□にあてはまるものを A から D のうちから 1 つ選んで答えよ。

(1) p は r であるための□

(2) q は s であるための□

(3) s は「p かつ q」であるための□

(4) r は「p または q」であるための□

A：必要十分条件である。

B：必要条件でも十分条件でもない。

C：必要条件であるが十分条件でない。

D：十分条件であるが必要条件でない。

〈日本女子大〉

15 集合の要素の個数

❖ 整数の個数 ❖

100 以上，200 以下の自然数全体の集合を U とする。U の要素のうち 7 で割り切れない数は［　　］個あり，7 で割り切れないが 3 で割り切れる数は［　　］個ある。〈北海道工大〉

解　7 で割り切れる数の集合を A

$100 \leqq 7k \leqq 200$　より　$14.2\cdots \leqq k \leqq 28.5\cdots$

100〜200 までの 7 の倍数の個数。k は自然数

$15 \leqq k \leqq 28$　だから　$n(A) = 28 - 14 = 14$

$n(U) = 200 - 99 = 101$

よって　$n(\overline{A}) = 101 - 14 = \boxed{87}$ (個) ———(答)

7 で割り切れない数の個数

3 で割り切れる数の集合を B とすると

$100 \leqq 3l \leqq 200$　より　$33.3\cdots \leqq l \leqq 66.6\cdots$

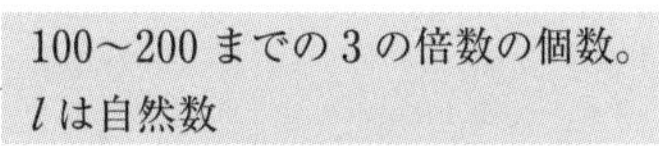
100〜200 までの 3 の倍数の個数。l は自然数

$34 \leqq l \leqq 66$　だから　$n(B) = 66 - 33 = 33$

$A \cap B$ は 21 の倍数で

$100 \leqq 21m \leqq 200$　より　$4.7\cdots \leqq m \leqq 9.5\cdots$

100〜200 までの 21 の倍数の個数。m は自然数

$5 \leqq m \leqq 9$ だから

$n(A \cap B) = 5$

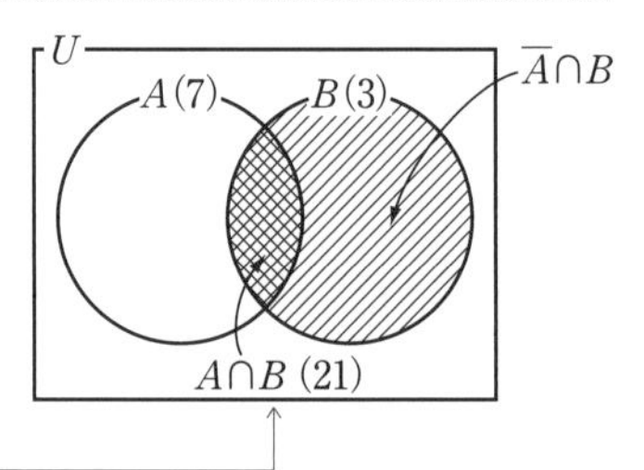

$n(\overline{A} \cap B) = n(B) - n(A \cap B)$

7 で割り切れないが 3 で割り切れる数

$= 33 - 5 = \boxed{28}$ (個) ———(答)

❖確認問題

1 から 1000 までの自然数の集合 U を全体集合とし，U の要素で 5 で割り切れるものの集合を A，6 で割り切れるものの集合を B とする。このとき，$A \cap B$ の要素の個数は［　　］個であり，$\overline{A} \cap \overline{B}$ の要素の個数は［　　］個である。〈名城大〉

◆マスター問題

$U=\{x|x$ は 1000 より小さい自然数$\}$ を全体集合とし，その部分集合を次のように定める。

$A=\{x|x$ は 6 で割ると 5 余る数$\}$，　$B=\{x|x$ は 8 で割ると 7 余る数$\}$

このとき，以下の問いに答えよ。

(1)　A，B の要素の個数を求めよ。　　(2)　$A\cap B$ の要素の個数を求めよ。

(3)　$A\cup B$ の要素の個数を求めよ。　〈中央大〉

◆チャレンジ問題

100 人のうち，A 市，B 市，C 市に行ったことのある人の集合をそれぞれ A，B，C で表すと次の通りであった。

$n(A)=32$，　$n(B)=23$，　$n(C)=44$，　$n(A\cap C)=8$，　$n(B\cap C)=9$

$n(A\cap B\cap C)=3$，　$n(\overline{A}\cap\overline{B}\cap\overline{C})=22$

(1)　A 市，B 市，C 市の少なくとも 1 つに行ったことのある人は何人いるか。

(2)　A 市と B 市の両方に行ったことのある人は何人いるか。　〈高崎経済大〉

16　$\sin\theta$，$\cos\theta$，$\tan\theta$ の相互関係

❖ $\sin\theta$，$\cos\theta$，$\tan\theta$ の値 ❖

(1)　$0^\circ \leqq \theta \leqq 180^\circ$，$\cos\theta = -\dfrac{4}{5}$ のとき，$\sin\theta$，$\tan\theta$ の値を求めよ。　〈武蔵大〉

(2)　$0^\circ < \theta < 90^\circ$ で $\tan\theta = 2\sqrt{2}$ のとき，$\cos\theta$，$\sin\theta$ の値を求めよ。　〈福岡工大〉

解 (1)　$\sin^2\theta = 1 - \cos^2\theta$ に代入して

代入する公式はかいておく

⬅ $\sin^2\theta + \cos^2\theta = 1$ はいつでも使えるように。

$$\sin^2\theta = 1 - \left(-\frac{4}{5}\right)^2 = \frac{9}{25}$$

$\cos\theta < 0$ だから $90^\circ < \theta \leqq 180^\circ$ より $\sin\theta \geqq 0$

$\sin\theta$ の正，負を確認する

よって，$\sin\theta = \sqrt{\dfrac{9}{25}} = \dfrac{3}{5}$ ――(答)

$$\tan\theta = \frac{\sin\theta}{\cos\theta} = \frac{3}{5} \times \left(-\frac{5}{4}\right) = -\frac{3}{4} \text{　――(答)}$$

$\sin\theta$，$\cos\theta$ の正，負

	180°～90°	90°～0°
$\sin\theta$	$\sin\theta > 0$	$\sin\theta > 0$
$\cos\theta$	$\cos\theta < 0$	$\cos\theta > 0$
$\tan\theta$	$\tan\theta < 0$	$\tan\theta > 0$

(2)　$1 + \tan^2\theta = \dfrac{1}{\cos^2\theta}$ に代入して

代入する公式はかいておく

$$1 + (2\sqrt{2})^2 = \frac{1}{\cos^2\theta} \text{ より } \cos^2\theta = \frac{1}{9}$$

$0^\circ < \theta < 90^\circ$ だから $\cos\theta > 0$，$\sin\theta > 0$

$\cos\theta$，$\sin\theta$ の正，負を確認する

よって，$\cos\theta = \sqrt{\dfrac{1}{9}} = \dfrac{1}{3}$ ――(答)

$$\sin\theta = \sqrt{1 - \cos^2\theta} = \sqrt{1 - \left(\frac{1}{3}\right)^2} = \frac{2\sqrt{2}}{3} \text{　――(答)}$$

別解　$\sin\theta = \tan\theta\cos\theta = 2\sqrt{2} \cdot \dfrac{1}{3} = \dfrac{2\sqrt{2}}{3}$ ――(答)

⬅ $\tan\theta\cos\theta = \dfrac{\sin\theta}{\cos\theta} \cdot \cos\theta$

❖確認問題

(1)　$0^\circ \leqq \theta \leqq 180^\circ$ とする。$\sin\theta = \dfrac{\sqrt{6}}{3}$ のとき $\cos\theta$，$\tan\theta$ の値を求めよ。

(2)　$0^\circ \leqq \theta \leqq 180^\circ$ とする。$\tan\theta = -\dfrac{1}{2}$ のとき，$\sin\theta$，$\cos\theta$ の値を求めよ。　〈高知工科大〉

◇マスター問題

(1) $\cos\theta = -\dfrac{1}{3}$ のとき，$2\tan\theta + 3\sin\theta$ の値を求めよ。ただし，$0° \leqq \theta \leqq 180°$ とする。

〈明治大〉

(2) $\tan\theta = \dfrac{3}{2}$ のとき，$\cos^2\theta = \square$，$(\sin\theta + \cos\theta)^2 = \square$ である。 〈工学院大〉

◇チャレンジ問題

$2\sin\theta - \cos\theta = 1$ のとき，$\sin\theta$，$\cos\theta$ の値を求めよ。ただし，$0° < \theta < 90°$ とする。

〈金沢工大〉

17 sin θ, cos θ, tan θ と式の値

❖ sin θ ± cos θ と sin θ cos θ の関係 ❖

$\sin\theta-\cos\theta=\dfrac{1}{2}$ のとき，次の値を求めよ。〈東海大〉

(1) $\sin\theta\cos\theta$　(2) $\sin^3\theta-\cos^3\theta$　(3) $\tan\theta+\dfrac{1}{\tan\theta}$

解 (1) $\sin\theta-\cos\theta=\dfrac{1}{2}$

2乗すると $\sin\theta\cos\theta$ がでてくる

両辺を2乗すると

$(\sin\theta-\cos\theta)^2=\left(\dfrac{1}{2}\right)^2$

$\sin^2\theta-2\sin\theta\cos\theta+\cos^2\theta=1-2\sin\theta\cos\theta$

$1-2\sin\theta\cos\theta=\dfrac{1}{4}$

よって，$\sin\theta\cos\theta=\dfrac{3}{8}$ ——(答)

三角比の相互関係

$\tan\theta=\dfrac{\sin\theta}{\cos\theta}$

$\sin^2\theta+\cos^2\theta=1$

$1+\tan^2\theta=\dfrac{1}{\cos^2\theta}$

(2) $\sin^3\theta-\cos^3\theta$ ← $x^3-y^3=(x-y)(x^2+xy+y^2)$ の因数分解

$=(\sin\theta-\cos\theta)(\sin^2\theta+\sin\theta\cos\theta+\cos^2\theta)$

$\sin^2\theta+\cos^2\theta=1$

$=\dfrac{1}{2}\left(1+\dfrac{3}{8}\right)=\dfrac{11}{16}$ ——(答)

(3) $\tan\theta+\dfrac{1}{\tan\theta}=\dfrac{\sin\theta}{\cos\theta}+\dfrac{\cos\theta}{\sin\theta}$

$\tan\theta=\dfrac{\sin\theta}{\cos\theta}$ に直して計算

$=\dfrac{\sin^2\theta+\cos^2\theta}{\sin\theta\cos\theta}=1\div\dfrac{3}{8}=\dfrac{8}{3}$ ——(答)

❖確認問題

(1) $\sin\theta+\cos\theta=\dfrac{1}{3}$ のとき，$\sin\theta\cos\theta$ の値を求めよ。〈千葉工大〉

(2) $\cos\theta-\sin\theta=-\dfrac{\sqrt{2}}{4}$ のとき，$\sin\theta\cos\theta$ の値を求めよ。

◇マスター問題

$\cos\theta-\sin\theta=\dfrac{\sqrt{2}}{2}$ のとき，$\sin\theta\cos\theta=\boxed{}$ であり，$\tan\theta+\dfrac{1}{\tan\theta}=\boxed{}$ である。

〈南山大〉

◆チャレンジ問題

$\sin\theta+\cos\theta=\dfrac{\sqrt{5}}{2}$ のとき，次の値を求めよ。 〈立教大〉

(1) $\sin\theta\cos\theta$　(2) $\sin^3\theta+\cos^3\theta$　(3) $\sin\theta-\cos\theta$

18　$\sin\theta$，$\cos\theta$ で表された関数

❖ $\sin\theta$，$\cos\theta$ で表された関数の最大，最小 ❖

関数 $y=2-\sin^2 x-\cos x$ $(0^\circ \leqq x \leqq 180^\circ)$ の最大値，最小値を求めよ。また，そのときの x の値を求めよ。〈日本工大〉

解

$y=2-\sin^2 x-\cos x$

$=2-(1-\cos^2 x)-\cos x$

$=\cos^2 x-\cos x+1$

$\sin^2 x=1-\cos^2 x$ を代入して $\cos x$ に統一

$\cos x=t$ とおくと

$0^\circ \leqq x \leqq 180^\circ$ より $-1 \leqq t \leqq 1$

$\cos x=t$ とおいて，t の関数として考える
ただし，$0^\circ \leqq x \leqq 180^\circ$ より $-1 \leqq t \leqq 1$

$y=t^2-t+1$

$=\left(t-\dfrac{1}{2}\right)^2+\dfrac{3}{4}$ $(-1 \leqq t \leqq 1)$

2次関数はまず平方完成

右のグラフより

$t=-1$ すなわち $x=180^\circ$ のとき最大値 3 ―――(答)

$\cos x=-1$ より $x=180^\circ$

$t=\dfrac{1}{2}$ すなわち $x=60^\circ$ のとき　最小値 $\dfrac{3}{4}$ ―――(答)

$\cos x=\dfrac{1}{2}$ より $x=60^\circ$

❖確認問題

次の関数の最大値，最小値を求めよ。

(1)　$y=2\sin x-1$　$(30^\circ \leqq x \leqq 150^\circ)$

(2)　$y=\cos^2 x-2\cos x$　$(0^\circ \leqq x \leqq 180^\circ)$

◇マスター問題

関数 $y=4\cos^2 x+4\sin x+5$（$0°\leqq x\leqq 180°$）の最大値，最小値を求めよ。また，そのときの x の値を求めよ。 〈自治医大〉

◇チャレンジ問題

関数 $y=\cos^2 x+a\sin x$（$0°\leqq x\leqq 90°$）とする。y の最大値を $M(a)$ として，$M(a)$ を求めよ。また，$b=M(a)$ のグラフをかき，$M(a)$ の最小値を求めよ。 〈中央大〉

19　外接円と内接円の半径

❖ 三角形の面積，外接円，内接円 ❖

△ABC において，AB = 6，BC = 7，CA = 5 であるとき，次の値を求めよ。

(1)　$\cos A$，$\sin A$　　(2)　△ABC の面積 S

(3)　△ABC の外接円の半径 R　　(4)　△ABC の内接円の半径 r　〈広島県立大〉

解　(1)　余弦定理より

$$\cos A = \frac{5^2+6^2-7^2}{2\cdot5\cdot6} = \frac{12}{60} = \frac{1}{5} \quad \text{———(答)}$$

$$\sin A = \sqrt{1-\cos^2 A}$$

$$= \sqrt{1-\left(\frac{1}{5}\right)^2} = \frac{2\sqrt{6}}{5} \quad \text{———(答)}$$

余弦定理

$a^2 = b^2 + c^2 - 2bc\cos A$

$\cos A = \dfrac{b^2+c^2-a^2}{2bc}$

(2)　$S = \dfrac{1}{2}\cdot5\cdot6\cdot\sin A$

$$= \frac{1}{2}\cdot5\cdot6\cdot\frac{2\sqrt{6}}{5} = 6\sqrt{6} \quad \text{———(答)}$$

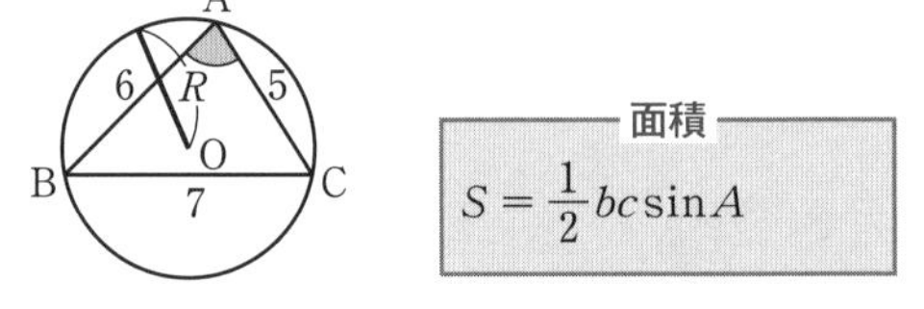

面積

$S = \dfrac{1}{2}bc\sin A$

(3)　正弦定理より

$$\frac{a}{\sin A} = 2R \quad R = \frac{1}{2}\cdot7\cdot\frac{5}{2\sqrt{6}} = \frac{35\sqrt{6}}{24} \quad \text{———(答)}$$

正弦定理

$\dfrac{a}{\sin A} = \dfrac{b}{\sin B} = \dfrac{c}{\sin C} = 2R$

外接円が出てくるのは正弦定理

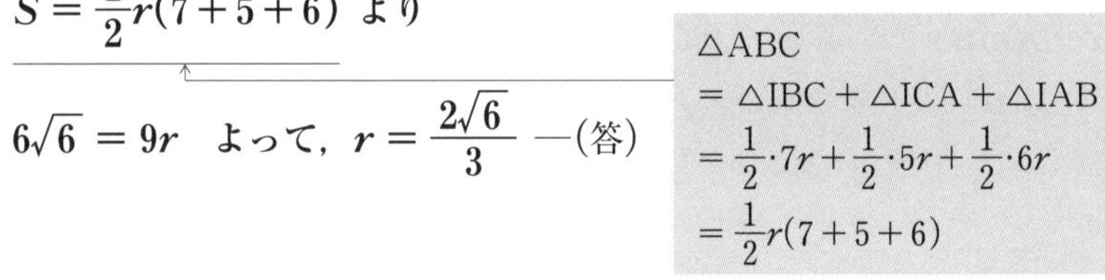

(4)　$S = \dfrac{1}{2}r(7+5+6)$ より

$$6\sqrt{6} = 9r \quad \text{よって，} r = \frac{2\sqrt{6}}{3} \quad \text{—(答)}$$

△ABC
$= \triangle\text{IBC} + \triangle\text{ICA} + \triangle\text{IAB}$
$= \dfrac{1}{2}\cdot7r + \dfrac{1}{2}\cdot5r + \dfrac{1}{2}\cdot6r$
$= \dfrac{1}{2}r(7+5+6)$

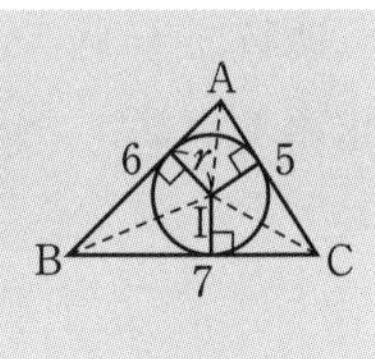

❖確認問題

右の △ABC は AB = 3，BC = 8，∠ABC = 60°である。

(1)　△ABC の面積 S を求めよ。

(2)　△ABC の内接円の半径 r を求めよ。

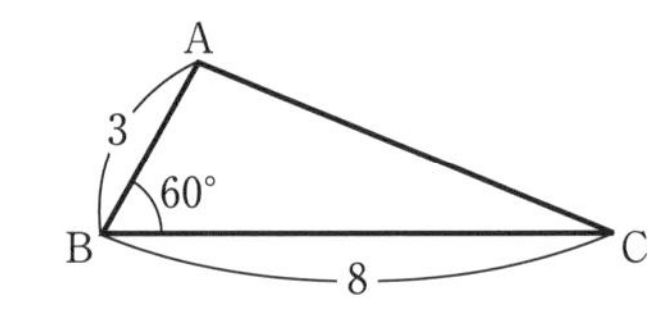

◇マスター問題

$\triangle$ABC において，AB $=5$，BC $=7$，AC $=3$ のとき，$\triangle$ABC の面積は$\boxed{}$，内接円の半径は$\boxed{}$，外接円の半径は$\boxed{}$である。 〈昭和薬大〉

◇チャレンジ問題

AB $=6$，AC $=4$，$\cos B=\dfrac{3}{4}$ を満たす $\triangle$ABC について，次の問いに答えよ。

(1) 辺 BC の長さを求めよ。 (2) $\angle$C が鋭角のとき，$\triangle$ABC の面積を求めよ。

(3) (2)の $\triangle$ABC に対して，その外接円の半径および内接円の半径を求めよ。 〈佐賀大〉

20 円に内接する四角形

❖円に内接する四角形❖

ある円に内接する四角形 ABCD があり，$AB=2, BC=3, BD=4, AD=3$ が成り立っている。このとき $CD=$ ［　］ であり，この円の半径は［　］である。〈東京理科大〉

解 $\angle BAD=\theta$ とおいて $\triangle ABD$ に余弦定理を適用する。← θとおくと式が見やすい

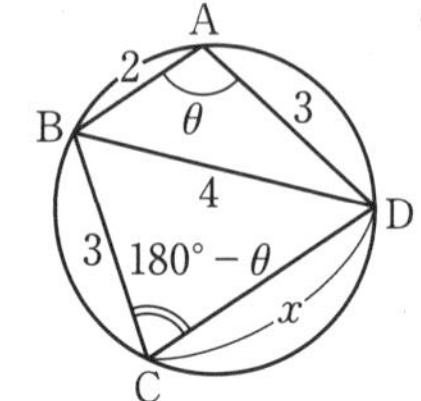

←できるだけ正確な図をかき，わかっている条件をかく。

余弦定理
$a^2=b^2+c^2-2bc\cos A$
$\cos A=\dfrac{b^2+c^2-a^2}{2bc}$

$$\cos\theta=\frac{3^2+2^2-4^2}{2\cdot3\cdot2}=-\frac{1}{4}$$

$\angle BCD=180^\circ-\theta$ だから $CD=x$ とおいて $\triangle BCD$ に余弦定理を適用する。← 2辺と1つの角がわかれば余弦定理が使える

$$4^2=3^2+x^2-2\cdot3\cdot x\cos(180^\circ-\theta)$$
← $\cos(180^\circ-\theta)=-\cos\theta$
$$16=9+x^2+6x\cos\theta$$
← $\cos\theta=-\frac{1}{4}$ を代入
$$x^2+6x\cdot\left(-\frac{1}{4}\right)-7=0$$
$$2x^2-3x-14=0$$
← 方程式は係数を整数にして解く
$$(x+2)(2x-7)=0$$

正弦定理
$\dfrac{a}{\sin A}=\dfrac{b}{\sin B}=\dfrac{c}{\sin C}=2R$

$x>0$ だから $x=CD=\boxed{\frac{7}{2}}$ ――(答)

円の半径を R として，$\triangle ABD$ に正弦定理を適用する。← 円は $\triangle ABD$ の外接円 ⟶ 外接円が出てくる公式は正弦定理

$$\sin\theta=\sqrt{1-\cos^2\theta}=\sqrt{1-\left(-\frac{1}{4}\right)^2}=\frac{\sqrt{15}}{4}$$

$$\frac{4}{\sin\theta}=2R \quad よって \quad R=\frac{1}{2}\cdot4\cdot\frac{4}{\sqrt{15}}=\boxed{\frac{8\sqrt{15}}{15}}$$ ――(答)

❖確認問題

右図のように円に内接する四角形 ABCD があり，$BC=\sqrt{2}$，$CD=2$，$\angle A=45^\circ$ である。

(1) BD の長さを求めよ。　　(2) この円の半径を求めよ。

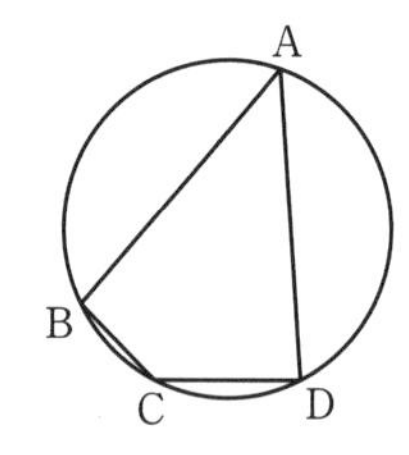

短期集中ゼミノート数学Ⅰ＋A　解答　実教出版

1 因数分解

●確認問題

(1) $a^3b-3a^2-4ab+12$

$=(a^3-4a)b-3(a^2-4)$

$=a(a^2-4)b-3(a^2-4)$

$=(a^2-4)(ab-3)$

$=\boldsymbol{(a+2)(a-2)(ab-3)}$

(2) $2x^2-5xy-3y^2+x+11y-6$

$=2x^2-(5y-1)x-(3y^2-11y+6)$

$=2x^2-(5y-1)x-(y-3)(3y-2)$

$$\begin{array}{cccc} 1 & -(3y-2) & \cdots\cdots & -6y+4 \\ 2 & y-3 & \cdots\cdots & y-3 \\ \hline & & & -5y+1 \end{array}$$

$=\boldsymbol{(x-3y+2)(2x+y-3)}$

●マスター問題

(1) $(ab+1)(a+1)(b+1)+ab$

$=(ab+1)(ab+a+b+1)+ab$

$ab+1=A$ とおくと

(与式) $=A(A+a+b)+ab$

$=A^2+(a+b)A+ab$

$=(A+a)(A+b)$

$=(ab+1+a)(ab+1+b)$

$=\boldsymbol{(ab+a+1)(ab+b+1)}$

(2) $x^2-y^2-(y^2+xy)+3(yz+zx)$

$=x^2-2y^2-xy+3yz+3zx$

$=x^2+(-y+3z)x+(-2y^2+3yz)$

$=x^2-(y-3z)x-y(2y-3z)$

$$\begin{array}{cccc} 1 & y & \cdots\cdots & y \\ 1 & -(2y-3z) & \cdots\cdots & -2y+3z \\ \hline & & & -y+3z \end{array}$$

(与式) $=\boldsymbol{(x+y)(x-2y+3z)}$

別解　次数の低い z でくくる

$x^2-2y^2-xy+3yz+3zx$

$=(3x+3y)z+(x^2-xy-2y^2)$

$=3(x+y)z+(x+y)(x-2y)$

$=(x+y)(3z+x-2y)$

$=\boldsymbol{(x+y)(x-2y+3z)}$

●チャレンジ問題

$(x-3)(x-5)(x-7)(x-9)-9$

$=\underline{(x-3)(x-9)}\ \underline{(x-5)(x-7)}-9$

$=(x^2-12x+27)(x^2-12x+35)-9$

$x^2-12x=A$ とおくと

$=(A+27)(A+35)-9$

$=A^2+62A+936$

$=(A+36)(A+26)$

$=(x^2-12x+36)(x^2-12x+26)$

$=\boldsymbol{(x-6)^2(x^2-12x+26)}$

別解

$\{(x^2-12x)+27\}\{(x^2-12x)+35\}-9$

$=(x^2-12x)^2+62(x^2-12x)+936$

$=(x^2-12x+36)(x^2-12x+26)$

としてもよい。

2 式の値

●確認問題

$x^3+x^2y+xy^2+y^3$

$=(x+y)^3-3xy(x+y)+xy(x+y)$

$=(2\sqrt{5})^3-3(-3)\cdot2\sqrt{5}-3\cdot2\sqrt{5}$

$=40\sqrt{5}+18\sqrt{5}-6\sqrt{5}$

$=\boxed{52\sqrt{5}}$

●マスター問題

$x^2+y^2=(x+y)^2-2xy$

$5=(\sqrt{3})^2-2xy$

$2xy=3-5=-2$

よって，$xy=-1$

$x^3+y^3=(x+y)^3-3xy(x+y)$

$=(\sqrt{3})^3-3\cdot(-1)\cdot\sqrt{3}$

$=3\sqrt{3}+3\sqrt{3}=\boldsymbol{6\sqrt{3}}$

$\dfrac{y}{x^2}+\dfrac{x}{y^2}=\dfrac{y^3+x^3}{x^2y^2}$

$=\dfrac{6\sqrt{3}}{(-1)^2}=\boldsymbol{6\sqrt{3}}$

●チャレンジ問題

$x=\dfrac{\sqrt{5}+1}{2}$ より

$\dfrac{1}{x}=\dfrac{2}{\sqrt{5}+1}=\dfrac{2(\sqrt{5}-1)}{(\sqrt{5}+1)(\sqrt{5}-1)}=\dfrac{\sqrt{5}-1}{2}$

よって　$x+\dfrac{1}{x}=\dfrac{\sqrt{5}+1}{2}+\dfrac{\sqrt{5}-1}{2}=\sqrt{5}$

$x^2+\dfrac{1}{x^2}=\left(x+\dfrac{1}{x}\right)^2-2$

$=(\sqrt{5})^2-2=\boxed{3}$

$x^3+\dfrac{1}{x^3}=\left(x+\dfrac{1}{x}\right)^3-3\cdot x\cdot\dfrac{1}{x}\cdot\left(x+\dfrac{1}{x}\right)$

$=(\sqrt{5})^3-3\cdot\sqrt{5}=\boxed{2\sqrt{5}}$

（$a^3+b^3=(a+b)^3-3ab(a+b)$ の変形式に $a\to x$，$b\to\dfrac{1}{x}$ を代入したもの。）

別解

$$x^3+\frac{1}{x^3}=\left(x+\frac{1}{x}\right)\left(x^2-x\cdot\frac{1}{x}+\frac{1}{x^2}\right)$$
$$=\sqrt{5}(3-1)=\mathbf{2\sqrt{5}}$$

（$a^3+b^3=(a+b)(a^2-ab+b^2)$ の因数分解公式に $a\to x$, $b\to\frac{1}{x}$ を代入したもの。）

$$x^4-\frac{1}{x^4}=\left(x^2+\frac{1}{x^2}\right)\left(x^2-\frac{1}{x^2}\right)$$
$$=\left(x^2+\frac{1}{x^2}\right)\left(x+\frac{1}{x}\right)\left(x-\frac{1}{x}\right)$$
$$=3\cdot\sqrt{5}\left(\frac{\sqrt{5}+1}{2}-\frac{\sqrt{5}-1}{2}\right)=\boxed{3\sqrt{5}}$$

3 整数部分と小数部分

●確認問題

$$\frac{\sqrt{7}+1}{\sqrt{7}-1}=\frac{(\sqrt{7}+1)^2}{(\sqrt{7}-1)(\sqrt{7}+1)}$$
$$=\frac{8+2\sqrt{7}}{6}=\frac{4+\sqrt{7}}{3}$$

$2<\sqrt{7}<3$ だから各辺に4を加えて

$6<4+\sqrt{7}<7$　各辺を3で割って

$2<\frac{4+\sqrt{7}}{3}<\frac{7}{3}$

よって，整数部分は $\boxed{2}$

小数部分は $\frac{4+\sqrt{7}}{3}-2=\boxed{\frac{\sqrt{7}-2}{3}}$

●マスター問題

$$\frac{3}{\sqrt{7}-2}=\frac{3(\sqrt{7}+2)}{(\sqrt{7}-2)(\sqrt{7}+2)}$$
$$=\frac{3(\sqrt{7}+2)}{3}=\sqrt{7}+2$$

$\sqrt{4}<\sqrt{7}<\sqrt{9}$　だから　$2<\sqrt{7}<3$

各辺に2を加えて

$4<\sqrt{7}+2<5$

よって，整数部分は $a=\mathbf{4}$

小数部分は $b=\sqrt{7}+2-4=\sqrt{7}-2$

$$ab+b^2=b(a+b)$$
$$=(\sqrt{7}-2)(4+\sqrt{7}-2)$$
$$=(\sqrt{7}-2)(\sqrt{7}+2)$$
$$=7-4=\mathbf{3}$$

●チャレンジ問題

$$xy=(1+\sqrt{2}+\sqrt{3})(1+\sqrt{2}-\sqrt{3})$$
$$=(1+\sqrt{2})^2-(\sqrt{3})^2$$
$$=3+2\sqrt{2}-3=\boxed{2\sqrt{2}}$$
$$x+y=(1+\sqrt{2}+\sqrt{3})+(1+\sqrt{2}-\sqrt{3})$$
$$=2(1+\sqrt{2})$$
$$x^2+y^2=(x+y)^2-2xy$$
$$=\{2(1+\sqrt{2})\}^2-2\cdot2\sqrt{2}$$
$$=4(3+2\sqrt{2})-4\sqrt{2}$$
$$=\boxed{12+4\sqrt{2}}$$
$$\frac{3}{x}+\frac{3}{y}=\frac{3y}{xy}+\frac{3x}{xy}=\frac{3(x+y)}{xy}$$
$$=\frac{3\cdot2(1+\sqrt{2})}{2\sqrt{2}}=\frac{3\sqrt{2}(1+\sqrt{2})}{2}$$
$$=\frac{6+3\sqrt{2}}{2}$$

ここで，$3\sqrt{2}=\sqrt{18}$ であり

$4<\sqrt{18}<5$　各辺に6を加えて

$10<6+\sqrt{18}<11$　各辺を2で割って

$5<\frac{6+3\sqrt{2}}{2}<\frac{11}{2}$

よって，整数部分は $\boxed{5}$

4 絶対値を含む方程式・不等式

●確認問題

(1) $|x-3|=-2x+4$

(i) $x\geqq3$ のとき

$x-3=-2x+4$

$3x=7$ より　$x=\frac{7}{3}$

（$x\geqq3$ を満たさない）

(ii) $x<3$ のとき

$-(x-3)=-2x+4$

$-x+3=-2x+4$ より

$x=1$　（$x<3$ を満たす）

(i), (ii)より　$\boldsymbol{x=1}$

(2) $2|x-2|\leqq x+2$

(i) $x\geqq2$ のとき

$2(x-2)\leqq x+2$ より　$x\leqq6$

$x\geqq2$ のときだから　$2\leqq x\leqq6$

(ii) $x<2$ のとき

$-2(x-2)\leqq x+2$

$-2x+4\leqq x+2$

$-3x\leqq-2$ より　$x\geqq\frac{2}{3}$

$x<2$ のときだから　$\frac{2}{3}\leqq x<2$

(i), (ii)より　$\boldsymbol{\frac{2}{3}\leqq x\leqq6}$

●マスター問題

$|x|+|1-2x|=3$

(i) $x\geqq\frac{1}{2}$ のとき

$x-(1-2x)=3$,　$3x=4$　より

$x=\frac{4}{3}$　$\left(x\geqq\frac{1}{2}\text{ を満たす}\right)$

(ii) $0 \leqq x < \frac{1}{2}$ のとき

$x+(1-2x)=3$ より

$x=-2$ $\left(0 \leqq x < \frac{1}{2}\text{ を満たさない}\right)$

(iii) $x<0$ のとき

$-x+(1-2x)=3$

$-3x=2$ より $x=-\frac{2}{3}$ ($x<0$ を満たす)

(i), (ii), (iii)より $\boldsymbol{x=-\frac{2}{3},\ \frac{4}{3}}$

●チャレンジ問題

$|a-2|+|a|=2$

(i) $a \geqq 2$ のとき

$(a-2)+a=2,\ 2a=4$ より

$a=2$ (これは $a \geqq 2$ を満たす)

(ii) $0 \leqq a < 2$ のとき

$-(a-2)+a=2$ より

$2=2$ となるから

$0 \leqq a < 2$ で成り立つ。

(iii) $a<0$ のとき

$-(a-2)-a=2,\ -2a=0$ より

$a=0$ (これは $a<0$ を満たさない)

(i), (ii), (iii)より $\boldsymbol{0 \leqq a \leqq 2}$

$\sqrt{x^2-4x+4}+\sqrt{x^2}<4$

$\sqrt{(x-2)^2}+\sqrt{x^2}<4$

$|x-2|+|x|<4$

(i) $x \geqq 2$ のとき

$(x-2)+x<4$

$2x<6$ より $x<3$

$x \geqq 2$ のときだから $2 \leqq x < 3$

(ii) $0 \leqq x < 2$ のとき

$-(x-2)+x<4$

$2<4$ となるから

$0 \leqq x < 2$ で成り立つ。

(iii) $x<0$ のとき

$-(x-2)-x<4$

$-2x<2$ より $x>-1$

$x<0$ のときだから $-1<x<0$

(i), (ii), (iii)より $\boldsymbol{-1<x<3}$

(iii) (ii) (i)
−1 0 2 3 x

5 2次関数の決定(1)

●確認問題

(1) 条件より $y=a(x-2)^2-1$ とおくと

(4, 3) を通るから

$3=a(4-2)^2-1$ より $a=1$

よって, $\boldsymbol{y=(x-2)^2-1}$

$(y=x^2-4x+3)$

(2) 条件より $y=a(x-3)^2+q$ とおくと

(4, 1), (1, −5) を通るから

$1=a(4-3)^2+q$

$a+q=1$ ……①

$-5=a(1-3)^2+q$

$4a+q=-5$ ……②

①, ②を解いて $a=-2,\ q=3$

よって, $\boldsymbol{y=-2(x-3)^2+3}$

$(y=-2x^2+12x-15)$

●マスター問題

頂点で x 軸に接するから

$y=a(x-p)^2$ とおける。

点 (−1, 4), (5, 4) を通るから

$4=a(-1-p)^2$ ……①

$4=a(5-p)^2$ ……②

①÷② より

$\frac{a(-1-p)^2}{a(5-p)^2}=\frac{4}{4},\ (-1-p)^2=(5-p)^2$

$p^2+2p+1=p^2-10p+25$

$12p=24$ より $p=2$

①に代入して $4=a(-1-2)^2$ より $a=\frac{4}{9}$

よって, $\boldsymbol{y=\frac{4}{9}(x-2)^2}$

$\boldsymbol{y=\frac{4}{9}x^2-\frac{16}{9}x+\frac{16}{9}}$

別解

(−1, 4), (5, 4) の y 座標が4で等しいから

グラフの軸は $x=\frac{-1+5}{2}=2$

$y=a(x-2)^2$ とおくと, 点 (5, 4) を通るから

$4=a(5-2)^2$ より $a=\frac{4}{9}$

よって, $\boldsymbol{y=\frac{4}{9}(x-2)^2}$

$\boldsymbol{y=\frac{4}{9}x^2-\frac{16}{9}x+\frac{16}{9}}$

●チャレンジ問題

頂点の座標を $(t,\ 2t-3)$ とおくと

$y=2(x-t)^2+2t-3$ ……①

と表せる。

点 (1, 3) を通るから

$3=2(1-t)^2+2t-3$

$2t^2-2t-4=0,\ t^2-t-2=0$

$(t+1)(t-2)=0$ より $t=-1,\ 2$

$t=-1$ のとき①に代入して

$y=2(x+1)^2+2\cdot(-1)-3$

よって，$\boldsymbol{y=2x^2+4x-3}$ $(\boldsymbol{y=2(x+1)^2-5})$

$t=2$ のとき①に代入して

$y=2(x-2)^2+2\cdot2-3$

よって，$\boldsymbol{y=2x^2-8x+9}$ $(\boldsymbol{y=2(x-2)^2+1})$

別解　求める放物線は，$y=2(x-p)^2+q$ とおくと，点 $(1,\ 3)$ を通るから，

$3=2(1-p)^2+q$

$2p^2-4p+q=1$ ……①

頂点 $(p,\ q)$ が $y=2x-3$ 上にあるから

$q=2p-3$ ……②

①，②を解いて

$p=2,\ q=1$ または $p=-1,\ q=-5$

$p=2,\ q=1$ のとき

$\boldsymbol{y=2(x-2)^2+1}$

$\boldsymbol{y=2x^2-8x+9}$

$p=-1,\ q=-5$ のとき

$\boldsymbol{y=2(x+1)^2-5}$

$\boldsymbol{y=2x^2+4x-3}$

6　2次関数の決定(2)

●確認問題

$y=ax^2+2ax+b$

$=a(x+1)^2-a+b$

グラフは右のようになるから

最大値は $x=2$ のとき

$y=4a+4a+b=47$

$8a+b=47$ ……①

最小値は $x=-1$ のとき

$y=a-2a+b=2$

$-a+b=2$ ……②

①，②を解いて　$a=$ 5 ，$b=$ 7

●マスター問題

$y=ax^2+4ax+a+2$

$=a(x+2)^2-3a+2$

$a>0$ のとき

下のグラフより

最大値は $x=2$ のとき

$y=4a+8a+a+2=8$

$13a=6$

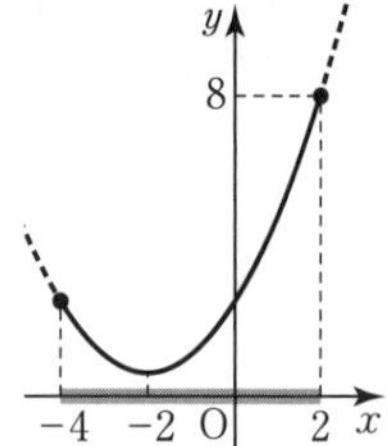

よって，$a=\boldsymbol{\dfrac{6}{13}}$ $(a>0$ を満たす$)$

$a<0$ のとき

下のグラフより

最大値は $x=-2$ のとき

$y=4a-8a+a+2=8$

$-3a=6$

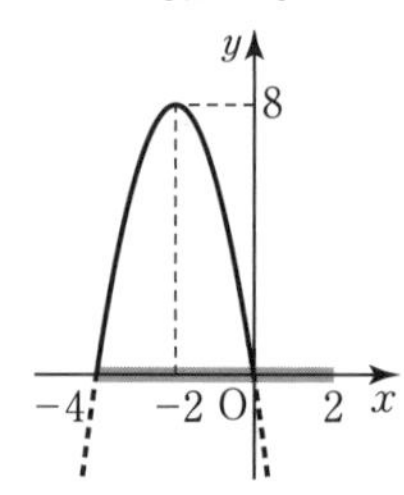

よって，$a=\boldsymbol{-2}$ $(a<0$ を満たす$)$

●チャレンジ問題

$y=ax^2-4ax+b$ $(1\leqq x\leqq4)$

$=a(x-2)^2-4a+b$

(i)　$a>0$ のとき

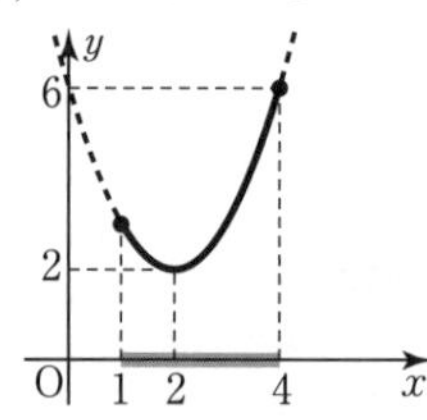

グラフは上のようになるから

最大値は $x=4$ のとき

$y=16a-16a+b=6$

$b=6$ ……①

最小値は $x=2$ のとき

$y=-4a+b=2$ ……②

①，②より

$a=1,\ b=6$ $(a>0$ を満たす$)$

(ii)　$a<0$ のとき

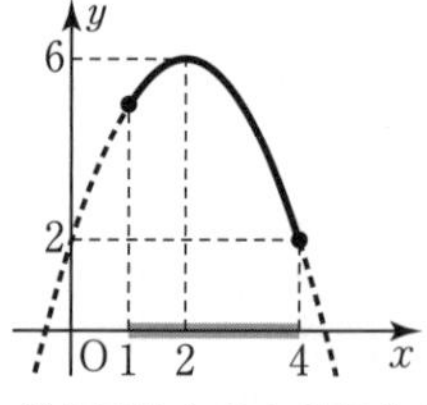

グラフは上のようになるから

最大値は $x=2$ のとき

$y=-4a+b=6$ ……③

最小値は $x=4$ のとき

$y=b=2$

③に代入して　$a=-1$ $(a<0$ を満たす$)$

よって，(i)，(ii)より

$\boldsymbol{a=1,\ b=6}$ または $\boldsymbol{a=-1,\ b=2}$

7　2次関数の最大，最小

●確認問題

$y=f(x)=x^2-4x+5$ とすると

$\quad =(x-2)^2+1$

定義域とグラフの関係から，最小値は次のようになる。

(i)　$0<a<2$ のとき

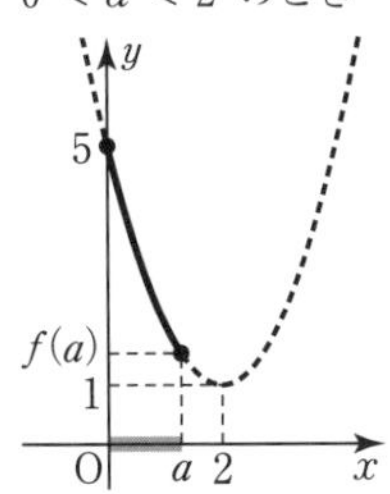

$x=a$ で最小値

$\quad f(a)=a^2-4a+5$

(ii)　$2\leqq a$ のとき

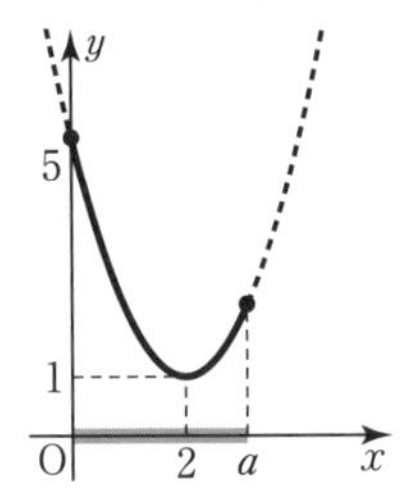

$x=2$ で最小値 $f(2)=1$

よって，

$$\begin{cases}\boldsymbol{0<a<2} \text{ のとき } \boldsymbol{m=a^2-4a+5\ (x=a)}\\ \boldsymbol{2\leqq a} \text{ のとき } \boldsymbol{m=1\ (x=2)}\end{cases}$$

また，最大値は次のようになる。

(i)　$0<a<4$ のとき

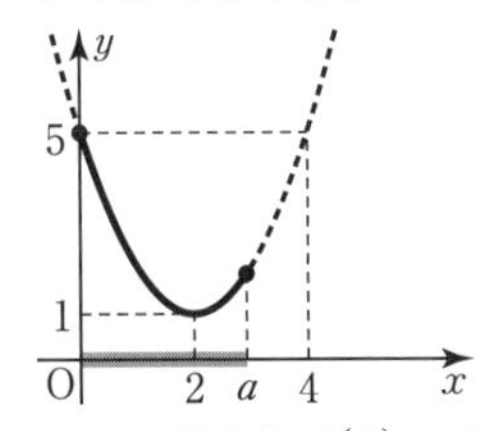

$x=0$ で最大値 $f(0)=5$

(ii)　$a=4$ のとき

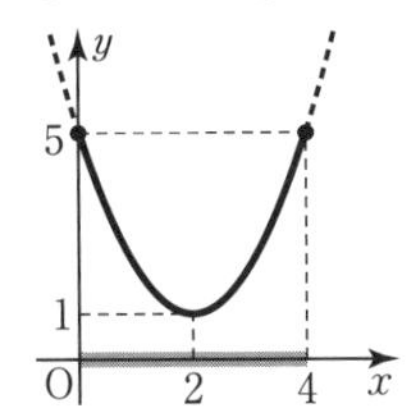

$x=0,\ 4$ で最大値 $f(0)=f(4)=5$

(最大値をとる x の値が2つある。)

(iii)　$4<a$ のとき

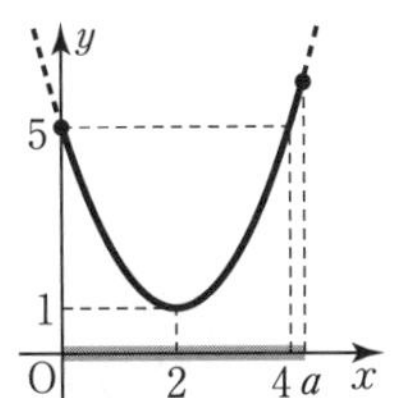

$x=a$ で最大値 $f(a)=a^2-4a+5$

よって，

$$\begin{cases}\boldsymbol{0<a\leqq 4} \text{ のとき } \boldsymbol{M=5\ (x=0)}\\ \boldsymbol{4<a} \text{ のとき } \boldsymbol{M=a^2-4a+5\ (x=a)}\end{cases}$$

●マスター問題

$y=f(x)=x^2-2ax+2a$ とすると

$y=(x-a)^2-a^2+2a\ (0\leqq x\leqq 2)$

グラフは下に凸で，軸が $x=a$ だから，次のように分類される。

(i)　$0<a<2$ のとき

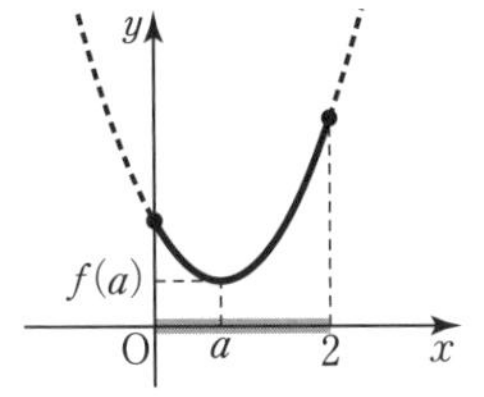

$x=a$ で最小値 $m(a)=f(a)=-a^2+2a$

(ii)　$2\leqq a$ のとき

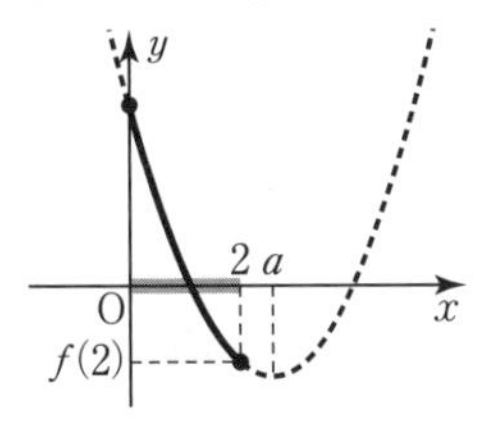

$x=2$ で最小値 $m(a)=f(2)=-2a+4$

(i)，(ii)より

$$m(a)=\begin{cases}-a^2+2a\ (0<a<2)\\ -2a+4\ (2\leqq a)\end{cases}$$

$0<a<2$ のとき

$\quad m(a)=-(a-1)^2+1$ より

$\quad a=1$ で最大値1

$2\leqq a$ のとき

$\quad m(a)=-2a+4\leqq 0$

よって，$m(a)$ は $\boldsymbol{a=1}$ **のとき最大値1**

参考

$y=m(a)$ のグラフをかくと，次のようになる。

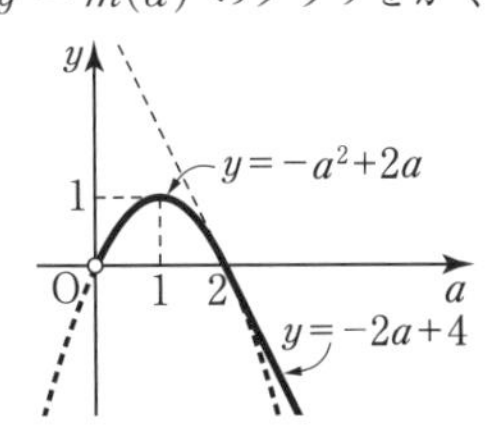

●チャレンジ問題

$f(x) = x^2 - 2ax - a + 2$　とおくと

$-1 \leqq x \leqq 1$ の範囲で $f(x) > 0$ となればよいから，$f(x)$ の最小値を正とする a の値の範囲を求める。

$y = f(x) = (x-a)^2 - a^2 - a + 2$ より

グラフは上に凸で，軸が $x = a$ だから，次のように分類される。

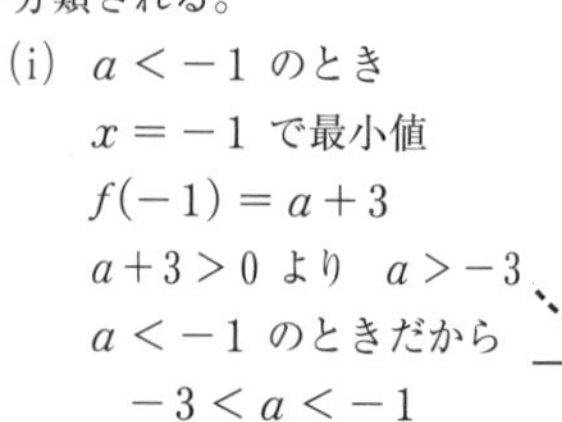

(i)　$a < -1$ のとき

$x = -1$ で最小値

$f(-1) = a + 3$

$a + 3 > 0$ より　$a > -3$

$a < -1$ のときだから

$-3 < a < -1$

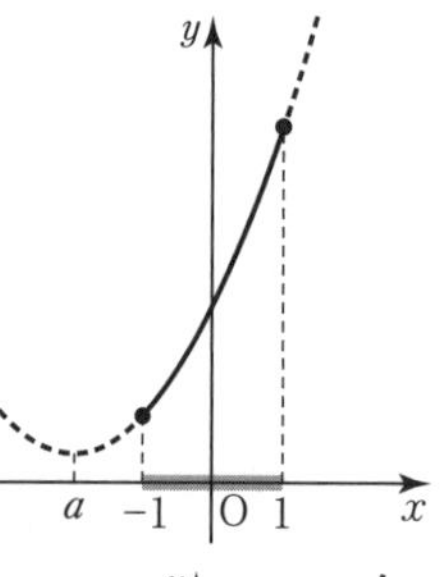

(ii)　$-1 \leqq a \leqq 1$ のとき

$x = a$ で最小値

$f(a) = -a^2 - a + 2$

$-a^2 - a + 2 > 0$ より

$(a+2)(a-1) < 0$

$-2 < a < 1$

$-1 \leqq a \leqq 1$ のときだから

$-1 \leqq a < 1$

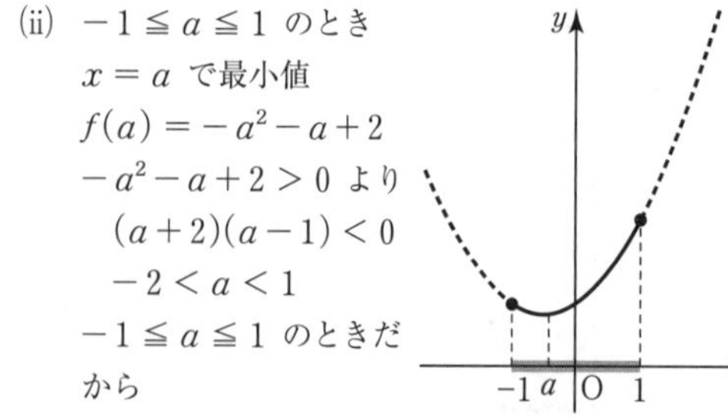

(iii)　$1 < a$ のとき

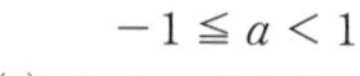

$x = 1$ で最小値

$f(1) = -3a + 3$

$-3a + 3 > 0$ より

$a < 1$

$a > 1$ のときだから

適する範囲はない。

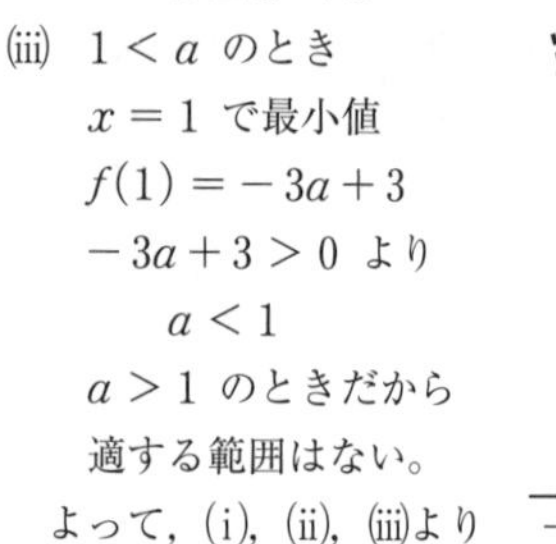

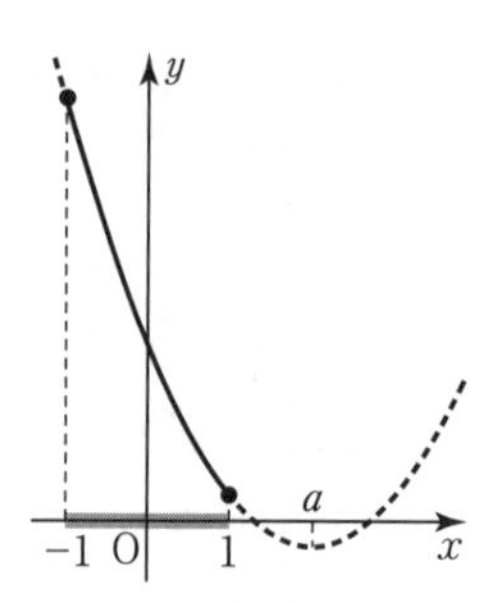

よって，(i)，(ii)，(iii)より

$\boldsymbol{-3 < a < 1}$

参考

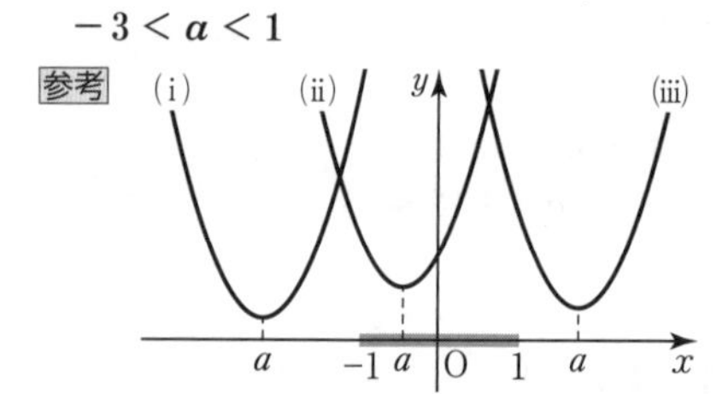

グラフはこのようにまとめてかいてよい。

8　条件がある場合の最大，最小

●確認問題

$x + 2y = 6$　より　$x = 6 - 2y$

$x \geqq 0$　だから　$6 - 2y \geqq 0$　より　$y \leqq 3$

よって，$\boxed{0} \leqq y \leqq \boxed{3}$

$P = x^2 + 2y^2$ とおいて，

$x = 6 - 2y$ を代入

$P = (6-2y)^2 + 2y^2$

$= 6y^2 - 24y + 36$

$= 6(y^2 - 4y) + 36$

$= 6\{(y-2)^2 - 4\} + 36$

$= 6(y-2)^2 + 12$

右のグラフより P は

$y = 0$ のとき最大値 $\boxed{36}$

（このとき，$x = 6 - 2 \cdot 0 = 6$）

●マスター問題

$P = 2x^2 + y^2$　とおいて

$y = 2 - x$ を代入

$= 2x^2 + (2-x)^2$

$= 3x^2 - 4x + 4$

$= 3\left(x^2 - \dfrac{4}{3}x\right) + 4$

$= 3\left\{\left(x - \dfrac{2}{3}\right)^2 - \dfrac{4}{9}\right\} + 4$

$= 3\left(x - \dfrac{2}{3}\right)^2 + \dfrac{8}{3}$

ここで，$x \geqq 0$，$y = 2 - x \geqq 0$ だから

$0 \leqq x \leqq 2$　である。

下のグラフより P は

$x = 2$ のとき最大値 8

このとき　$y = 2 - 2 = 0$

$x = \dfrac{2}{3}$ のとき最小値 $\dfrac{8}{3}$

このとき　$y = 2 - \dfrac{2}{3} = \dfrac{4}{3}$

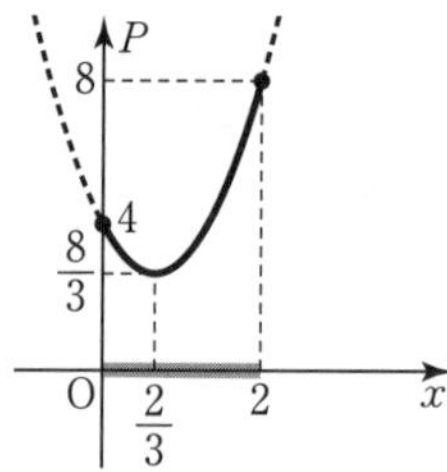

よって，$\boldsymbol{x =} \boxed{2}$，$\boldsymbol{y = 0}$ のとき最大値 $\boxed{8}$

$\boldsymbol{x =} \boxed{\dfrac{2}{3}}$，$\boldsymbol{y = \dfrac{4}{3}}$ のとき最小値 $\boxed{\dfrac{8}{3}}$

●チャレンジ問題

$3x^2 + 2y^2 = 6x$ より　$2y^2 = 6x - 3x^2$　……①

$P = x^2 + 2y^2$ とおいて①を代入すると

$P = x^2 + 6x - 3x^2$

$= -2x^2 + 6x$

$= -2(x^2 - 3x)$

$= -2\left\{\left(x - \dfrac{3}{2}\right)^2 - \dfrac{9}{4}\right\}$

$= -2\left(x - \dfrac{3}{2}\right)^2 + \dfrac{9}{2}$

ここで，①より

$2y^2 = 6x - 3x^2 \geqq 0$　だから

$3x(x-2) \leqq 0$

ゆえに，定義域は $0 \leqq x \leqq 2$

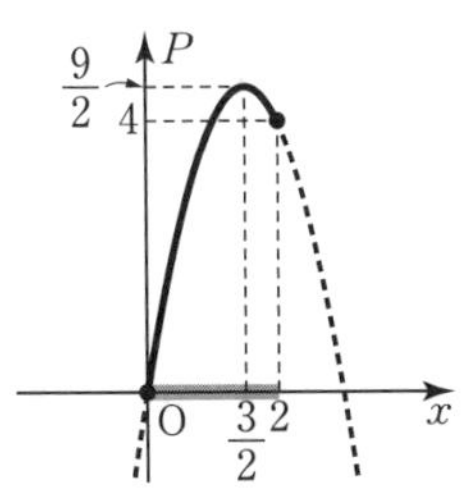

グラフより $x=\dfrac{3}{2}$ のとき最大値 $\boxed{\dfrac{9}{2}}$

$$\left(\begin{array}{l}\text{このときの } y \text{ の値は①に代入して} \\ 2y^2=6\cdot\dfrac{3}{2}-3\left(\dfrac{3}{2}\right)^2=\dfrac{9}{4} \\ y^2=\dfrac{9}{8} \text{ より } y=\pm\dfrac{3\sqrt{2}}{4}\end{array}\right)$$

$x=0$ のとき最小値 $\boxed{0}$

(このときの y の値は①に代入して $y=0$)

9 合成関数の最大，最小

●確認問題

$y=(x^2-2x-1)^2+8(x^2-2x-1)+9$

$x^2-2x-1=t$ とおく。

$y=t^2+8t+9=(t+4)^2-7$

ここで，$t=x^2-2x-1=(x-1)^2-2$

右のグラフより　$t \geqq -2$

$y=(t+4)^2-7$ $(t \geqq -2)$

のグラフをかく。

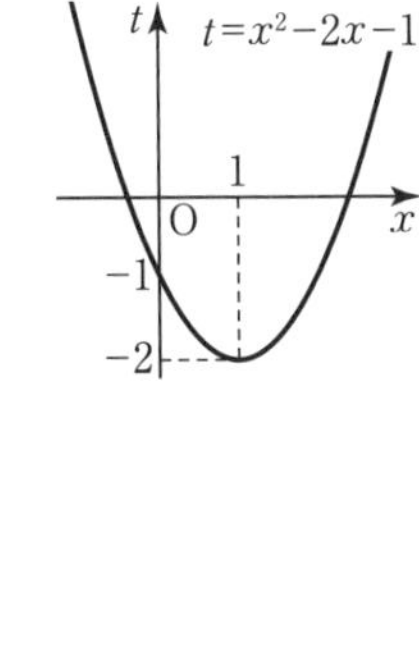

最小値は $t=-2$ のとき　-3

このとき x の値は $x^2-2x-1=-2$ より

$(x-1)^2=0$

よって，$x=1$

ゆえに，$\boldsymbol{x=1}$ **のとき 最小値 $\boldsymbol{-3}$**

●マスター問題

(1) $y=(x^2-2x)(x^2-2x-4)-2$

$x^2-2x=t$ とおくと

$y=t(t-4)-2$

よって，$\boldsymbol{y=t^2-4t-2}$

(2) t のとりうる値の範囲を求める。

$t=x^2-2x$　$(0 \leqq x \leqq 3)$

$=(x-1)^2-1$

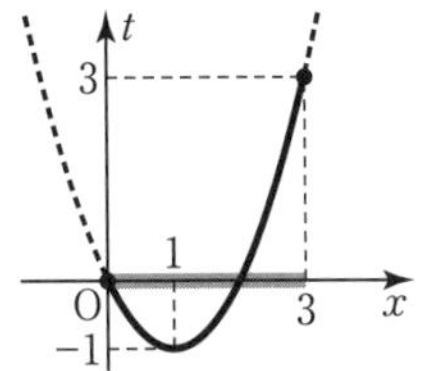

上のグラフより

$-1 \leqq t \leqq 3$

$y=t^2-4t-2$　$(-1 \leqq t \leqq 3)$

$=(t-2)^2-6$

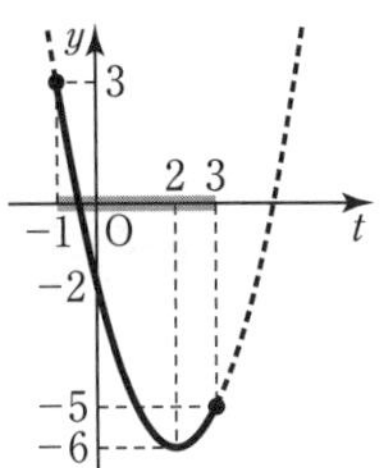

上のグラフより

最大値は $t=-1$ のとき 3

最小値は $t=2$ のとき -6

$t=-1$ のとき

$x^2-2x=-1$ より

$(x-1)^2=0$　よって　$x=1$

$t=2$ のとき

$x^2-2x=2$ より

$x^2-2x-2=0$　よって，$x=1\pm\sqrt{3}$

$0 \leqq x \leqq 3$ だから $x=1+\sqrt{3}$

ゆえに，$\boldsymbol{x=1}$ **のとき最大値 3**

$\boldsymbol{x=1+\sqrt{3}}$ **のとき最小値 $\boldsymbol{-6}$**

●チャレンジ問題

(1) $x^2+y^2=\dfrac{1}{2}$ に $x=t+3y$ を代入。

$(t+3y)^2+y^2=\dfrac{1}{2}$

$t^2+6ty+9y^2+y^2=\dfrac{1}{2}$

$10y^2+6ty+t^2-\dfrac{1}{2}=0$

y は実数だから，y についての判別式 D について $D \geqq 0$ である。

$\dfrac{D}{4}=(3t)^2-10\left(t^2-\dfrac{1}{2}\right)$

$=-t^2+5 \geqq 0$

よって，$\boldsymbol{-\sqrt{5} \leqq t \leqq \sqrt{5}}$

(2) $T=x^2-6xy+9y^2-2x+6y-5$

$=(x-3y)^2-2(x-3y)-5$

$\boldsymbol{=t^2-2t-5}$

(3) $T=(t-1)^2-6$　$(-\sqrt{5} \leqq t \leqq \sqrt{5})$

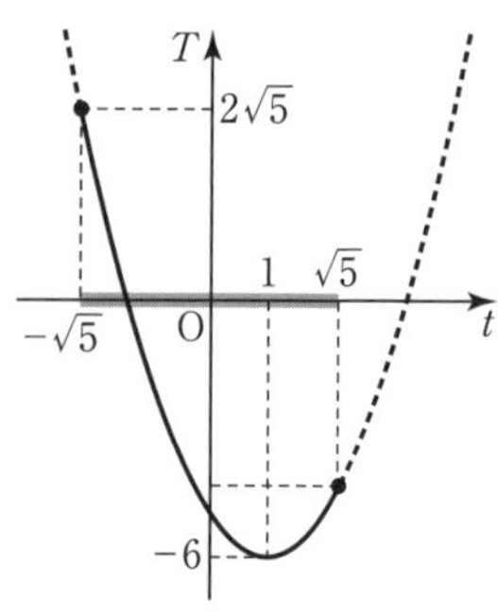

上のグラフより

最大値は $t=-\sqrt{5}$ のとき $\mathbf{2\sqrt{5}}$

最小値は $t=1$ のとき $\mathbf{-6}$

10　2次方程式の解と2次関数のグラフ

●確認問題

$y=f(x)=3x^2-2ax+a^2-6a$ とおくと

(1)　下のグラフから $f(-1)<0$ であればよい。

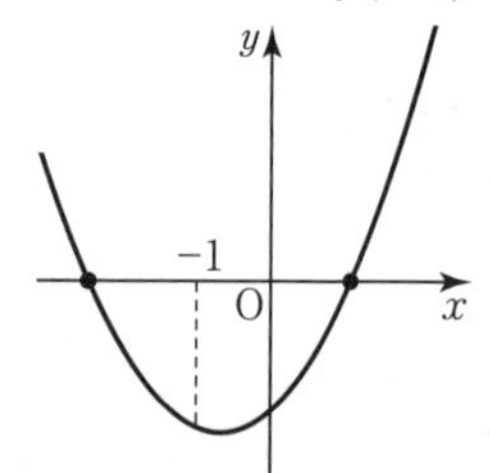

$f(-1)=3+2a+a^2-6a$

$\quad=a^2-4a+3<0$

$(a-1)(a-3)<0$

よって，$\mathbf{1<a<3}$

(2)　下のグラフから $f(3)<0$ かつ $f(0)<0$ であればよい。

$f(3)=27-6a+a^2-6a$

$\quad=a^2-12a+27<0$

$(a-3)(a-9)<0$ より

$3<a<9$ ……①

$f(0)=a^2-6a<0$

$a(a-6)<0$ より

$0<a<6$ ……②

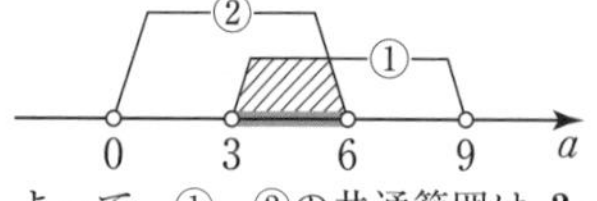

よって，①，②の共通範囲は $\mathbf{3<a<6}$

●マスター問題

(1)　$y=f(x)=x^2-2kx+k+2$ とおくと，

$y=f(x)$ のグラフが下図のようになればよい。

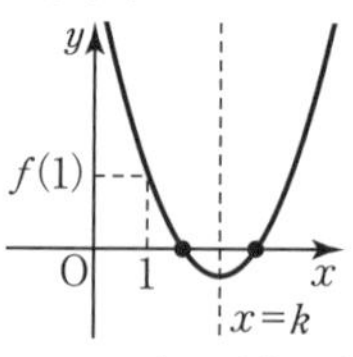

$D/4=(-k)^2-(k+2)>0$

$(k+1)(k-2)>0$ より

$k<-1,\ 2<k$ ……①

軸は $x=k$ だから $k>1$ ……②

$f(1)=1-2k+k+2>0$ より

$k<3$ ……③

よって，①，②，③の共通範囲は，$\mathbf{2<k<3}$

(2)

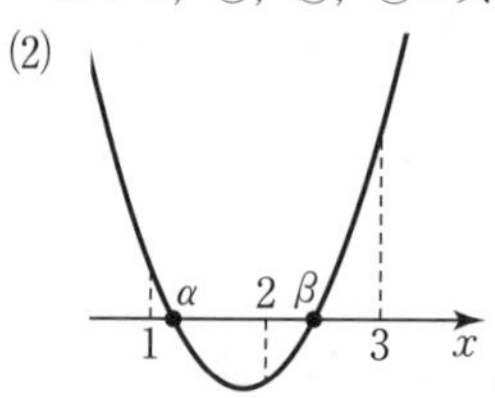

$y=f(x)$ のグラフが上図のようになればよいから

$f(1)>0,\ f(2)<0,\ f(3)>0$

とすればよい。($D>0$ は必要ない。)

$f(1)>0$ より，$k<3$ ……①　((1)より)

$f(2)=4-4k+k+2<0$

ゆえに　$k>2$ ……②

$f(3)=9-6k+k+2>0$

ゆえに　$k<\dfrac{11}{5}$ ……③

よって，①，②，③の共通範囲は，$\mathbf{2<k<\dfrac{11}{5}}$

●チャレンジ問題

$y=x^2+ax+2$ と $y=x+1$ を連立させて

$x^2+ax+2=x+1$

$x^2+(a-1)x+1=0$

この解が -2 と 2 の間にあればよいから，

$y=f(x)=x^2+(a-1)x+1$ のグラフが次の図のようになればよい。

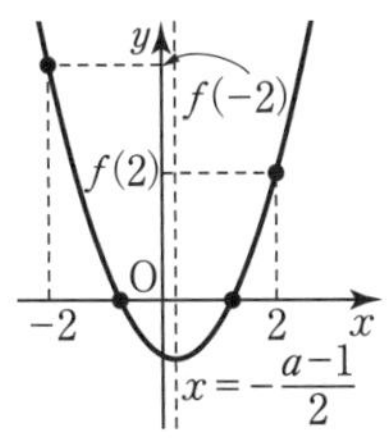

$D=(a-1)^2-4\cdot1\cdot1>0$

$(a+1)(a-3)>0$

$a<-1,\ 3<a$ ……①

軸は $x=-\dfrac{a-1}{2}$ だから

$-2<-\dfrac{a-1}{2}<2$

$-4<-a+1<4$

$-3<a<5$ ……②

$f(2)=4+2(a-1)+1>0$ より $a>-\dfrac{3}{2}$

$f(-2)=4-2(a-1)+1>0$ より $a<\dfrac{7}{2}$

$-\dfrac{3}{2}<a<\dfrac{7}{2}$ ……③

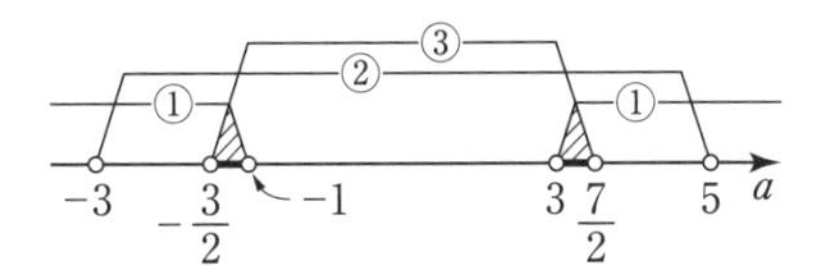

よって，①，②，③より

$\boldsymbol{-\dfrac{3}{2}<a<-1,\ 3<a<\dfrac{7}{2}}$

11 2次不等式

●確認問題

(1) $(x-3)(x-a)\geqq0$

$\boldsymbol{a>3}$ **のとき**

$\boldsymbol{x\leqq3,\ a\leqq x}$

$\boldsymbol{a<3}$ **のとき**

$\boldsymbol{x\leqq a,\ 3\leqq x}$

$\boldsymbol{a=3}$ **のとき**

$(x-3)^2\geqq0$ より **すべての実数**

(2) $x^2-x+a(1-a)<0$

$$\begin{array}{ll} 1 \diagdown\!\!\diagup\ -a & \cdots\cdots\ -a \\ 1\ \ \ \ -(1-a) & \cdots\cdots\ -1+a \\ \hline & \quad -1 \end{array}$$

$(x-a)(x-1+a)<0$

$a>1-a$ すなわち $a>\dfrac{1}{2}$ のとき

$1-a<x<a$

$a<1-a$ すなわち $a<\dfrac{1}{2}$ のとき

$a<x<1-a$

$a=1-a$ すなわち $a=\dfrac{1}{2}$ のとき

$\left(x-\dfrac{1}{2}\right)^2<0$ より　解はない

よって，$\boldsymbol{a>\dfrac{1}{2}}$ **のとき** $\boldsymbol{1-a<x<a}$

$\boldsymbol{a=\dfrac{1}{2}}$ **のとき　解はない**

$\boldsymbol{a<\dfrac{1}{2}}$ **のとき** $\boldsymbol{a<x<1-a}$

●マスター問題

$x^2+(2-a)x-2a<0$

$(x+2)(x-a)<0$

$a>0$ だから解は $\boxed{-2}<x<\boxed{a}$ ……①

$x^2+2(a-1)x-4a>0$

$$\begin{array}{ll} 1 \diagdown\!\!\diagup\ 2a & \cdots\cdots\ 2a \\ 1\ \ \ \ -2 & \cdots\cdots\ -2 \\ \hline & \quad 2a-2 \end{array}$$

$(x+2a)(x-2)>0$

$-2a<0$ だから解は

$x<\boxed{-2a},\ \boxed{2}<x$ ……②

①，②が共通範囲をもたないのは下図より $-2a\leqq-2$ かつ $a\leqq2$ のときである。

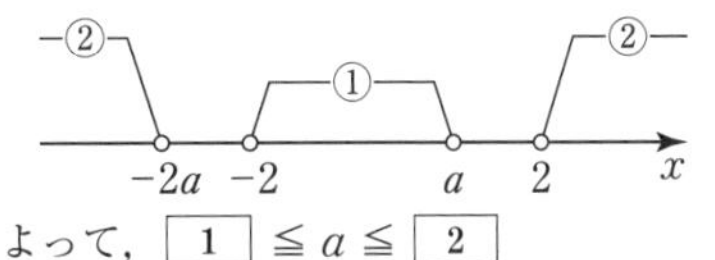

よって，$\boxed{1}\leqq a\leqq\boxed{2}$

●チャレンジ問題

$x^2+x-56<0$ より

$(x+8)(x-7)<0$

$-8<x<7$ ……②

$x^2-8x-9>0$ より

$(x-9)(x+1)>0$

$x<-1,\ 9<x$ ……③

②，③の共通範囲は

$\boxed{-8}<x<\boxed{-1}$ ……①

$x^2-ax-6a^2>0$ より

$(x+2a)(x-3a)>0$

(i) $a>0$ のとき　$x<-2a,\ 3a<x$

(ii) $a=0$ のとき　$x^2>0$　だから

$x\neq0$ のすべての実数

(iii) $a<0$ のとき　$x<3a,\ -2a<x$

(i)のとき

次の図より　$-1\leqq-2a$

よって，$0<a\leqq\dfrac{1}{2}$

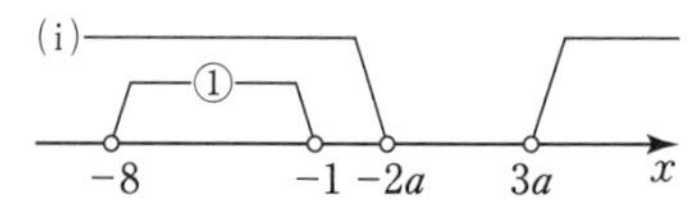

(ii)のとき，明らかに条件を満たす。

(iii)のとき

下の図より　$-1 \leqq 3a$

よって，$-\dfrac{1}{3} \leqq a < 0$

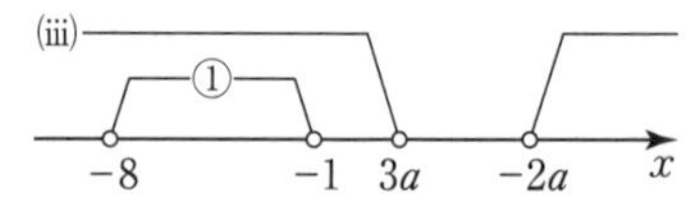

ゆえに，(i)，(ii)，(iii)より　$\boxed{-\dfrac{1}{3}} \leqq a \leqq \boxed{\dfrac{1}{2}}$

12　不等式が含む整数の個数

●確認問題

$2x-4 < -x+a$

$3x < a+4,\ x < \dfrac{a+4}{3}$

自然数を4個含むから，下図のように，1，2，3，4を含めばよい。

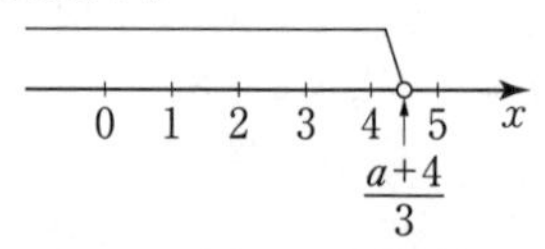

$4 < \dfrac{a+4}{3} \leqq 5$ のときであるから

$12 < a+4 \leqq 15$，よって　$\boldsymbol{8 < a \leqq 11}$

●マスター問題

$x^2-(4a+1)x+4a^2+2a < 0$

$x^2-(4a+1)x+2a(2a+1) < 0$

$$\begin{array}{lll} 1 & -2a & \cdots\cdots\cdots\cdots\ -2a \\ 1 & -(2a+1) & \cdots\cdots\ -2a-1 \\ \hline & & -(4a+1) \end{array}$$

$(x-2a)(x-2a-1) < 0$

$2a < 2a+1$ だから

$\boxed{2a < x < 2a+1}$

整数を $x=2$ だけ含むのは，下図より

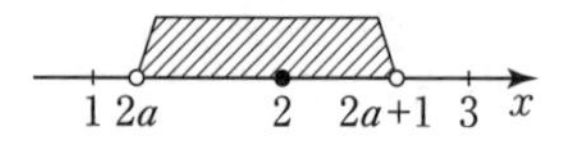

$1 \leqq 2a < 2$ ……①　かつ　$2 < 2a+1 \leqq 3$ ……②

①より $\dfrac{1}{2} \leqq a < 1$，②より $\dfrac{1}{2} < a \leqq 1$

よって，$\boxed{\dfrac{1}{2} < a < 1}$

●チャレンジ問題

(1)　$f(x) = -x^2+2x+3 > 0$　より

$x^2-2x-3 < 0$

$(x+1)(x-3) < 0$

よって，$-1 < x < 3$

これを満たす整数は　$x = \mathbf{0,\ 1,\ 2}$

(2)　$g(x) = x^2-a^2 < 0$　より

$= (x+a)(x-a) < 0$

$a > 0$ だから

$-a < x < a$

$f(x) > 0$ と $g(x) < 0$ を同時に満たす整数 x の個数は，次のように分類される。

(i)　$0 < a \leqq 1$ のとき

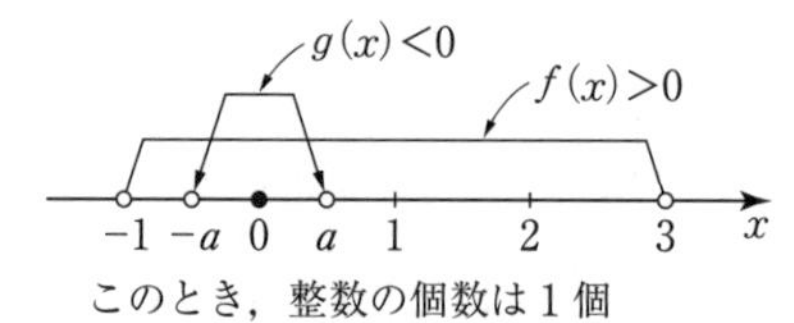

このとき，整数の個数は1個

(ii)　$1 < a \leqq 2$

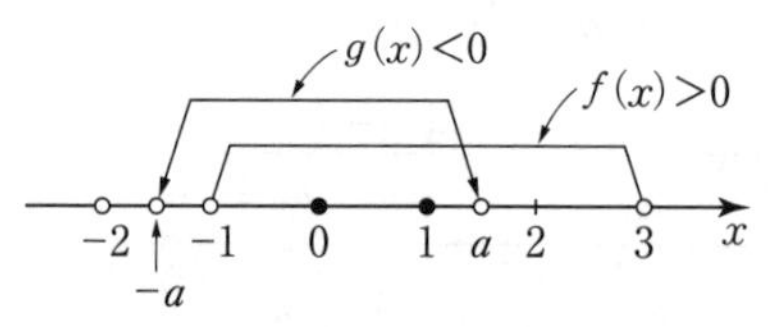

このとき，整数の個数は2個

(iii)　$2 < a$ のとき

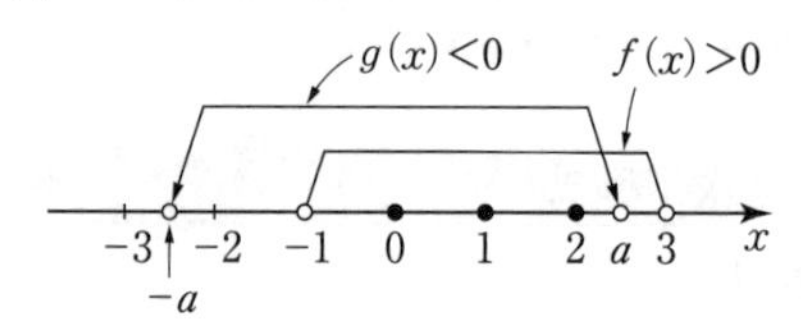

このとき，整数の個数は3個

よって，(i)，(ii)，(iii)より

$$\begin{cases} \boldsymbol{0 < a \leqq 1} \text{ のとき } \mathbf{1}\text{ 個} \\ \boldsymbol{1 < a \leqq 2} \text{ のとき } \mathbf{2}\text{ 個} \\ \boldsymbol{2 < a} \quad\ \ \text{ のとき } \mathbf{3}\text{ 個} \end{cases}$$

13　すべての x で $ax^2+bx+c>0$ が成り立つ

●確認問題

$y=(k-1)x^2+(k-1)x+1$ について

(1)　グラフが下に凸なのは

$k-1>0$ のときだから $\boldsymbol{k>1}$

(2)　x 軸と共有点をもたないのは $k \neq 1$ かつ $D<0$ のときだから

$D=(k-1)^2-4(k-1)\cdot 1$

$= k^2-6k+5 < 0$

$(k-1)(k-5) < 0$

よって，$\boldsymbol{1 < k < 5}$

(3)　すべての実数 x で $y>0$ となるのは

グラフが下に凸かつ，x 軸と共有点をもたないときだから

$k>1$　かつ　$1<k<5$

よって，$\boldsymbol{1<k<5}$

●マスター問題

すべての実数で

$ax^2+(a+1)x+a<0$

が成り立つ条件は

$a<0$ かつ $D<0$ である。

$D=(a+1)^2-4a\cdot a$

$=-3a^2+2a+1<0$

$3a^2-2a-1>0$

$(3a+1)(a-1)>0$

よって，$a<-\dfrac{1}{3}$，$1<a$

$a<0$ との共通範囲だから　$\boldsymbol{a<-\dfrac{1}{3}}$

●チャレンジ問題

$x^2-2(a-1)x+y^2+(a-2)y+1\geqq 0$

x の2次不等式として考えると，x^2 の係数が1で正だから，$D\leqq 0$ ならばよい。

$D/4=(a-1)^2-\{y^2+(a-2)y+1\}\leqq 0$

$a^2-2a+1-y^2-(a-2)y-1\leqq 0$

$y^2+(a-2)y-a^2+2a\geqq 0$

これがすべての実数 y で成り立つためには

y の2次不等式として考えると，y^2 の係数が1で正だから $D\leqq 0$ ならばよい。

$D=(a-2)^2-4(-a^2+2a)\leqq 0$

$5a^2-12a+4\leqq 0$

$(5a-2)(a-2)\leqq 0$　よって，$\boldsymbol{\dfrac{2}{5}\leqq a\leqq 2}$

14　命題と条件

●確認問題

(1)　$a^2+b^2=2ab$　より　$(a-b)^2=0$

ゆえに　$a=b$

$a^2+b^2=2ab \rightleftarrows a=b$

よって，必要十分条件である。

(2)　x，y が整数 $\underset{\overset{\times}{\longleftarrow}}{\longrightarrow}$ $x+y$，xy が整数

(反例：$x=1+\sqrt{2}$，$y=1-\sqrt{2}$)

よって，十分条件である。

(3)　$|x|\leqq 1$ は $-1\leqq x\leqq 1$

$x^2+2x\leqq 0$ は $x(x+2)\leqq 0$ より $-2\leqq x\leqq 0$

$|x|\leqq 1$ $\underset{\overset{\times}{\longleftarrow}}{\overset{\times}{\longrightarrow}}$ $x(x+2)\leqq 0$

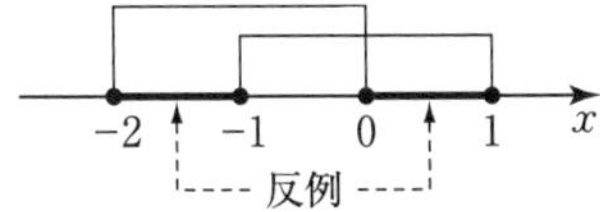

よって，必要条件でも十分条件でもない。

(4)　四角形の対角線の長さが等しい

$\underset{\longleftarrow}{\overset{\times}{\longrightarrow}}$ 長方形である

(反例：⊠

等脚台形をはじめ多数ある)

よって，必要条件である。

(5)　$cd=0$ は　$c=0$ または $d=0$

$c^2+d^2=0$ は　$c=0$ かつ $d=0$

$cd=0$ $\underset{\longleftarrow}{\overset{\times}{\longrightarrow}}$ $c^2+d^2=0$

よって，必要条件である。

●マスター問題

(1)　ab が無理数 $\underset{\overset{\times}{\longleftarrow}}{\overset{\times}{\longrightarrow}}$ a と b がともに無理数

(反例：$\overset{\times}{\longrightarrow}$ $a=2$，$b=\sqrt{2}$，$\overset{\times}{\longleftarrow}$ $a=\sqrt{2}$，$b=\sqrt{2}$)

よって，必要条件でも十分条件でもない。

(2)　n^2 が3の倍数 $\rightleftarrows$ n が3の倍数

よって，必要十分条件である。

(証)

$n=3k$ のとき $n^2=(3k)^2=3\cdot 3k^2$

$n=3k+1$ のとき $n^2=(3k+1)^2=3(3k^2+2k)+1$

$=(3の倍数)+1$

$n=3k+2$ のとき $n^2=(3k+2)^2=3(3k^2+4k+1)+1$

$=(3の倍数)+1$

よって，n^2 が3の倍数のとき n は3の倍数

(3)　$x^2+ax+b=0$ が実数解をもつ条件は

判別式 $D\geqq 0$ だから

$D=a^2-4b\geqq 0$

$b<0$ $\underset{\overset{\times}{\longleftarrow}}{\longrightarrow}$ $a^2-4b\geqq 0$

(反例　$a=3$，$b=1$)

よって，十分条件である。

(4)　$x+y+z>3$ $\underset{\overset{\times}{\longleftarrow}}{\longrightarrow}$ x，y，z の少なくとも1つは1以上

(反例：$x=2$，$y=3$，$z=-4$)

よって，十分条件である。

●チャレンジ問題

(1)　n は自然数だから　$n\geqq 1$

$m\geqq 2$ のとき　$m+n\geqq 3$　である。

$m\geqq 2$ $\underset{\overset{\times}{\longleftarrow}}{\longrightarrow}$ $m+n\geqq 3$

(反例：$m=1$，$n=3$)

よって，p は q であるための **D**

(2)　$n\geqq 2$ $\underset{\overset{\times}{\longleftarrow}}{\overset{\times}{\longrightarrow}}$ $mn\geqq 4$

(反例：$\overset{\times}{\longrightarrow}$ $m=1$，$n=3$，

$\overset{\times}{\longleftarrow}$ $m=4$，$n=1$)

よって，q は s であるための **B**

(3)　$mn\geqq 4$ $\underset{\longleftarrow}{\overset{\times}{\longrightarrow}}$ $m\geqq 2$ かつ $n\geqq 2$

(反例：$m=4$，$n=1$)

よって，p は「p かつ q」であるための **C**

(4) $m+n \geqq 3 \rightleftarrows m \geqq 2$ または $n \geqq 2$

$m+n \geqq 3$ のとき，m，n は自然数だから，一方が最小の数1のとき，もう一方は2以上であるから

$m+n \geqq 3 \Longrightarrow m \geqq 2$ または $n \geqq 2$ は真である。

また，$m \geqq 2$ または $n \geqq 2$ のとき $m+n \geqq 3$ となるから

$m \geqq 2$ または $n \geqq 2 \Longrightarrow m+n \geqq 3$ は真である。したがって，

$m+n \geqq 3 \rightleftarrows m \geqq 2$ かつ $n \geqq 2$

よって，r は「p または q」であるための **A**

15 集合の要素の個数

●確認問題

5の倍数を $5k$ とおくと

$1 \leqq 5k \leqq 1000$ より $0.2 \leqq k \leqq 200$

$1 \leqq k \leqq 200$ より $n(A)=200$

6の倍数を $6l$ とおくと

$1 \leqq 6l \leqq 1000$ より $0.1\cdots \leqq l \leqq 166.6\cdots$

$1 \leqq l \leqq 166$ より $n(B)=166$

$A \cap B$ は30で割り切れるものの集合だから

30の倍数を $30m$ とおくと

$1 \leqq 30m \leqq 1000$ より $0.03\cdots \leqq m \leqq 33.3\cdots$

$1 \leqq m \leqq 33$ より $n(A \cap B)=\boxed{33}$ (個)

$n(\overline{A} \cap \overline{B})=n(\overline{A \cup B})$

$=n(U)-n(A \cup B)$

ここで，$n(U)=1000$

$n(A \cup B)=n(A)+n(B)-n(A \cap B)$

$=200+166-33=333$

よって，$n(\overline{A} \cap \overline{B})=1000-333=\boxed{667}$ (個)

●マスター問題

(1) 集合 A の要素の個数は

$x=6k+5$ (k は0以上の整数) とすると

$0<6k+5<1000$ より

$-5<6k<995$

$-0.8\cdots<k<165.8\cdots$

よって，$0 \leqq k \leqq 165$ だから **$n(A)=166$**

集合 B の要素の個数は

$x=8l+7$ (l は0以上の整数) とすると

$0<8l+7<1000$ より

$-7<8l<993$

$-0.8\cdots<l<124.1\cdots$

よって，$0 \leqq l \leqq 124$ だから **$n(B)=125$**

(2) $A \cap B$ の要素を N とすると

$N=6k+5=8l+7$ を満たす数である。

$6k-8l=2$

$3k-4l=1$ ……①

$3 \cdot 3-4 \cdot 2=1$ ……②

① − ②より

$3(k-3)-4(l-2)=0$

$3(k-3)=4(l-2)$

3と4は互いに素だから n を整数として $k-3=4n$，$l-2=3n$ と表せる。

$k=4n+3$ を $N=6k+5$ に代入して

$N=6(4n+3)+5=24n+23$

$0<24n+23<1000$ より

$-23<24n<977$

$-0.9\cdots<n<40.7\cdots$

よって，$0 \leqq n \leqq 40$ だから **$n(A \cap B)=41$**

(3) $n(A \cup B)=n(A)+n(B)-n(A \cap B)$

$=166+125-41$

$=$ **250**

●チャレンジ問題

(1) $A \cup B \cup C$ の要素の個数である。

条件より $n(U)=100$

$n(\overline{A} \cap \overline{B} \cap \overline{C})=n(\overline{A \cup B \cup C})$ だから

$n(\overline{A \cup B \cup C})=22$

よって

$n(A \cup B \cup C)=n(U)-n(\overline{A \cup B \cup C})$

$=100-22=$ **78**

(2) $A \cap B$ の要素の個数である。

$n(A \cup B \cup C)=n(A)+n(B)+n(C)$

$-n(A \cap B)-n(B \cap C)-n(A \cap C)$

$+n(A \cap B \cap C)$

にそれぞれの要素の個数を代入して

$78=32+23+44-n(A \cap B)-9-8+3$

よって，$n(A \cap B)=85-78=$ **7**

16 $\sin\theta$，$\cos\theta$，$\tan\theta$ の相互関係

●確認問題

(1) $\cos^2\theta=1-\sin^2\theta$ に代入して

$$=1-\left(\frac{\sqrt{6}}{3}\right)^2=\frac{1}{3}$$

$0°<\theta<90°$ のとき，$\cos\theta>0$ だから

$$\cos\theta=\sqrt{\frac{1}{3}}=\boldsymbol{\frac{\sqrt{3}}{3}}$$

$$\tan\theta=\frac{\sin\theta}{\cos\theta}=\frac{\sqrt{6}}{3}\times\frac{3}{\sqrt{3}}=\boldsymbol{\sqrt{2}}$$

$90°<\theta<180°$ のとき，$\cos\theta<0$ だから

$$\cos\theta=-\sqrt{\frac{1}{3}}=\boldsymbol{-\frac{\sqrt{3}}{3}}$$

$$\tan\theta=\frac{\sin\theta}{\cos\theta}=\frac{\sqrt{6}}{3}\times\left(-\frac{3}{\sqrt{3}}\right)=\boldsymbol{-\sqrt{2}}$$

(2) $1+\tan^2\theta=\dfrac{1}{\cos^2\theta}$ に代入して

$$1+\left(-\frac{1}{2}\right)^2=\frac{1}{\cos^2\theta} \text{ より } \cos^2\theta=\frac{4}{5}$$

$\tan\theta<0$ だから $90°<\theta<180°$ より $\cos\theta<0$

よって，$\cos\theta = -\sqrt{\frac{4}{5}} = -\frac{2}{\sqrt{5}} = \boldsymbol{-\frac{2\sqrt{5}}{5}}$

$\sin\theta > 0$ だから

$$\sin\theta = \sqrt{1-\cos^2\theta} = \sqrt{1-\left(-\frac{2\sqrt{5}}{5}\right)^2}$$

$$= \sqrt{\frac{1}{5}} = \boldsymbol{\frac{\sqrt{5}}{5}}$$

別解　$\sin\theta = \tan\theta\cdot\cos\theta$ より

$$= -\frac{1}{2}\cdot\left(-\frac{2\sqrt{5}}{5}\right) = \boldsymbol{\frac{\sqrt{5}}{5}}$$

●マスター問題

(1)　$\sin^2\theta = 1-\cos^2\theta$ に代入して

$$\sin^2\theta = 1-\left(-\frac{1}{3}\right)^2 = \frac{8}{9}$$

$\cos\theta < 0$ だから $90° < \theta \leqq 180°$ より $\sin\theta \geqq 0$

よって，$\sin\theta = \sqrt{\frac{8}{9}} = \frac{2\sqrt{2}}{3}$

$$\tan\theta = \frac{\sin\theta}{\cos\theta} = \frac{2\sqrt{2}}{3}\times(-3) = -2\sqrt{2}$$

$$2\tan\theta + 3\sin\theta = 2\cdot(-2\sqrt{2}) + 3\cdot\frac{2\sqrt{2}}{3}$$

$$= \boldsymbol{-2\sqrt{2}}$$

(2)　$1+\tan^2\theta = \frac{1}{\cos^2\theta}$ に代入して

$1+\left(\frac{3}{2}\right)^2 = \frac{1}{\cos^2\theta}$ より　$\frac{13}{4} = \frac{1}{\cos^2\theta}$

よって，$\cos^2\theta = \boxed{\boldsymbol{\frac{4}{13}}}$

$$\begin{aligned}(\sin\theta+\cos\theta)^2 &= \sin^2\theta + 2\sin\theta\cos\theta + \cos^2\theta \\ &= 1+2\sin\theta\cos\theta \\ &= 1+2(\tan\theta\cdot\cos\theta)\cos\theta \\ &= 1+2\tan\theta\cos^2\theta \\ &= 1+2\cdot\frac{3}{2}\cdot\frac{4}{13} = \boxed{\boldsymbol{\frac{25}{13}}}\end{aligned}$$

別解

$$\sin^2\theta = 1-\cos^2\theta = 1-\frac{4}{13} = \frac{9}{13}$$

$$\sin^2\theta\cos^2\theta = \frac{9}{13}\cdot\frac{4}{13} = \left(\frac{6}{13}\right)^2$$

$\tan\theta = \frac{3}{2} > 0$ だから　$\sin\theta\cos\theta > 0$

よって，$\sin\theta\cos\theta = \frac{6}{13}$

ゆえに，与式 $= 1+2\cdot\frac{6}{13} = \boxed{\boldsymbol{\frac{25}{13}}}$

●チャレンジ問題

$2\sin\theta - \cos\theta = 1$ と $\sin^2\theta + \cos^2\theta = 1$

を連立させる。

$\cos\theta = 2\sin\theta - 1$ を代入して

$$\sin^2\theta + (2\sin\theta-1)^2 = 1$$

$$5\sin^2\theta - 4\sin\theta = 0$$

$$\sin\theta(5\sin\theta-4) = 0$$

$$\sin\theta = 0,\ \frac{4}{5}$$

$0° < \theta < 90°$ より $\sin\theta > 0$ だから

$\sin\theta = \boldsymbol{\frac{4}{5}}$

$\cos\theta = 2\sin\theta - 1 = 2\cdot\frac{4}{5} - 1 = \boldsymbol{\frac{3}{5}}$

別解　$\cos\theta > 0$ だから

$$\cos\theta = \sqrt{1-\sin^2\theta} = \sqrt{1-\left(\frac{4}{5}\right)^2} = \boldsymbol{\frac{3}{5}}$$

17　$\sin\theta$，$\cos\theta$，$\tan\theta$ と式の値

●確認問題

(1)　$\sin\theta + \cos\theta = \frac{1}{3}$ の両辺を 2 乗して

$$(\sin\theta+\cos\theta)^2 = \left(\frac{1}{3}\right)^2$$

$$1+2\sin\theta\cos\theta = \frac{1}{9}$$

よって　$\sin\theta\cos\theta = \boldsymbol{-\frac{4}{9}}$

(2)　$\cos\theta - \sin\theta = -\frac{\sqrt{2}}{4}$ の両辺を 2 乗して

$$(\cos\theta-\sin\theta)^2 = \left(-\frac{\sqrt{2}}{4}\right)^2$$

$$1-2\sin\theta\cos\theta = \frac{1}{8}$$

よって　$\sin\theta\cos\theta = \boldsymbol{\frac{7}{16}}$

●マスター問題

$\cos\theta - \sin\theta = \frac{\sqrt{2}}{2}$ の両辺を 2 乗して

$$(\cos\theta-\sin\theta)^2 = \left(\frac{\sqrt{2}}{2}\right)^2$$

$$1-2\sin\theta\cos\theta = \frac{1}{2}$$

よって，$\sin\theta\cos\theta = \boxed{\boldsymbol{\frac{1}{4}}}$

$$\begin{aligned}\tan\theta + \frac{1}{\tan\theta} &= \frac{\sin\theta}{\cos\theta} + \frac{\cos\theta}{\sin\theta} \\ &= \frac{\sin^2\theta+\cos^2\theta}{\cos\theta\sin\theta} \\ &= \frac{1}{\frac{1}{4}} = \boxed{\boldsymbol{4}}\end{aligned}$$

●チャレンジ問題

(1)　$\sin\theta + \cos\theta = \frac{\sqrt{5}}{2}$

両辺を 2 乗すると

$$(\sin\theta+\cos\theta)^2=\left(\frac{\sqrt{5}}{2}\right)^2$$

$$1+2\sin\theta\cos\theta=\frac{5}{4}$$

よって，$\sin\theta\cos\theta=\boldsymbol{\frac{1}{8}}$

(2) $\sin^3\theta+\cos^3\theta$

$=(\sin\theta+\cos\theta)(\sin^2\theta-\sin\theta\cos\theta+\cos^2\theta)$

$=\frac{\sqrt{5}}{2}\left(1-\frac{1}{8}\right)=\boldsymbol{\frac{7\sqrt{5}}{16}}$

(3) $(\sin\theta-\cos\theta)^2=1-2\sin\theta\cos\theta$

$=1-2\cdot\frac{1}{8}=\frac{3}{4}$

よって，$\sin\theta-\cos\theta=\boldsymbol{\pm\frac{\sqrt{3}}{2}}$

18 $\sin\theta$，$\cos\theta$ で表された関数

●確認問題

(1) $\sin x=t$ とおくと

$30°\leqq x\leqq 150°$ より

$\frac{1}{2}\leqq t\leqq 1$

$y=2t-1\ \left(\frac{1}{2}\leqq t\leqq 1\right)$

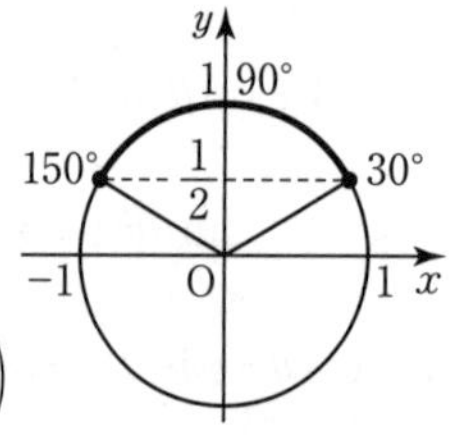

右のグラフより

$t=1$ すなわち

$\boldsymbol{x=90°}$ のとき

最大値 1

$t=\frac{1}{2}$ すなわち

$\boldsymbol{x=30°,\ 150°}$ のとき

最小値 0

別解 $30°\leqq x\leqq 150°$ のとき

$\frac{1}{2}\leqq\sin x\leqq 1$ だから $1\leqq 2\sin x\leqq 2$

各辺に -1 を加えて $0\leqq 2\sin x-1\leqq 1$

よって，最大値は $\sin x=1$ すなわち

$\boldsymbol{x=90°}$ のとき **1**

最小値は $\sin x=\frac{1}{2}$ すなわち

$\boldsymbol{x=30°,\ 150°}$ のとき **0**

(2) $y=\cos^2x-2\cos x$

$\cos x=t$ とおくと

$0°\leqq x\leqq 180°$ より $-1\leqq t\leqq 1$

$y=t^2-2t=(t-1)^2-1$

$(-1\leqq t\leqq 1)$

右のグラフより

$t=-1$ すなわち

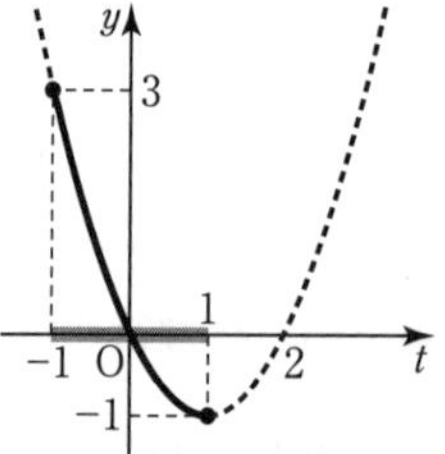

$\boldsymbol{x=180°}$ のとき

最大値 3

$t=1$ すなわち

$\boldsymbol{x=0°}$ のとき

最小値 −1

●マスター問題

$y=4\cos^2x+4\sin x+5$

$=4(1-\sin^2x)+4\sin x+5$

$=-4\sin^2x+4\sin x+9$

$\sin x=t$ とおくと

$0°\leqq x\leqq 180°$ より $0\leqq t\leqq 1$

$y=-4t^2+4t+9$

$=-4\left(t-\frac{1}{2}\right)^2+10\ (0\leqq t\leqq 1)$

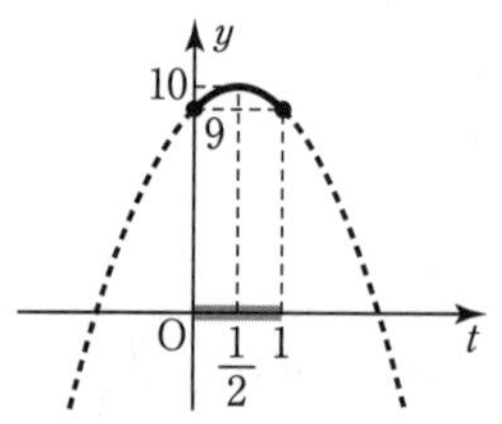

上のグラフより

$t=\frac{1}{2}$ すなわち $\boldsymbol{x=30°,\ 150°}$ のとき **最大値 10**

$t=0,\ 1$ すなわち $\boldsymbol{x=0°,\ 90°,\ 180°}$ のとき

最小値 9

●チャレンジ問題

$y=\cos^2x+a\sin x$

$=1-\sin^2x+a\sin x$

$\sin x=t$ とおくと

$0°\leqq x\leqq 90°$ より $0\leqq t\leqq 1$

$y=-t^2+at+1$

$=-\left(t-\frac{a}{2}\right)^2+\frac{a^2}{4}+1\ (0\leqq t\leqq 1)$

グラフは上に凸で，軸が $x=\frac{a}{2}$ だから次のように分類される。

(i) $\frac{a}{2}<0$ すなわち $a<0$ のとき

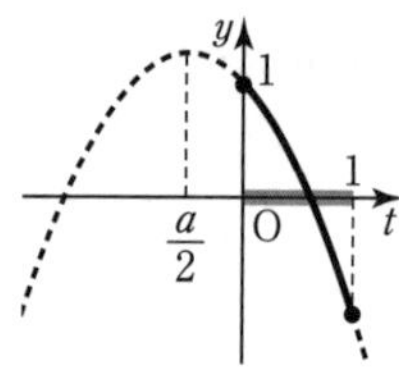

最大値は $t=0$ のとき

$M(a)=1$

(ii) $0\leqq\frac{a}{2}\leqq 1$ すなわち $0\leqq a<2$ のとき

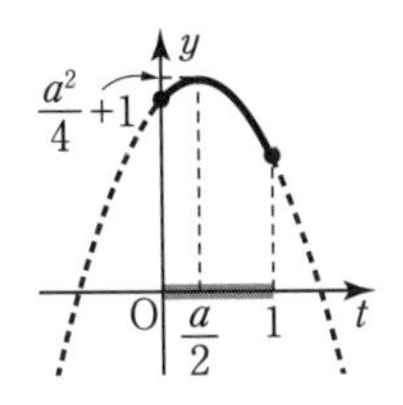

最大値は $t=\dfrac{a}{2}$ のとき

$$M(a)=\frac{a^2}{4}+1$$

(iii) $\dfrac{a}{2}>1$ すなわち　$a>2$ のとき

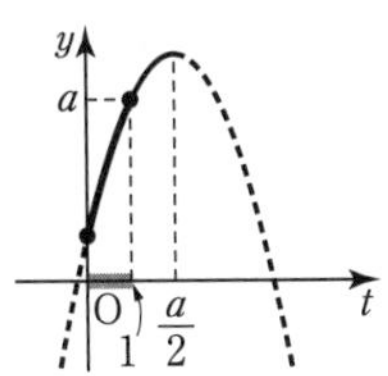

最大値は $t=1$ のとき

$M(a)=a$

よって，$\boldsymbol{M(a)=\begin{cases}1 & (a<0)\\ \dfrac{a^2}{4}+1 & (0\leqq a\leqq 2)\\ a & (a>2)\end{cases}}$

$b=M(a)$ のグラフは下図のようになる。

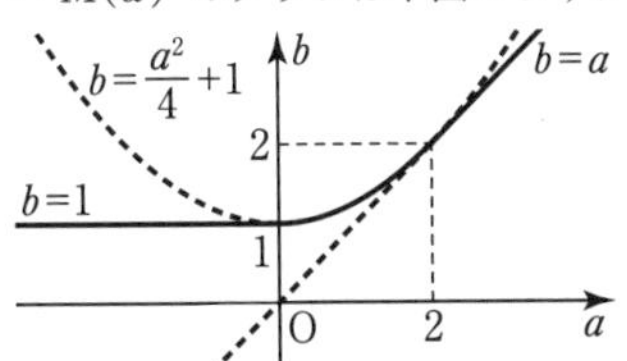

$M(a)$ の最小値は，$\boldsymbol{a\leqq 0}$ のとき **1**

19 外接円と内接円の半径

●確認問題

(1) $S=\dfrac{1}{2}\cdot 3\cdot 8\cdot\sin 60^\circ$

$$=\frac{1}{2}\cdot 24\cdot\frac{\sqrt{3}}{2}=\boldsymbol{6\sqrt{3}}$$

(2) 余弦定理より $AC^2=3^2+8^2-2\cdot 3\cdot 8\cdot\cos 60^\circ$

$$=9+64-48\cdot\frac{1}{2}=49$$

$AC>0$ より　$AC=7$

$S=\dfrac{1}{2}r(3+7+8)$　より

$9r=6\sqrt{3}$　よって　$r=\boldsymbol{\dfrac{2\sqrt{3}}{3}}$

●マスター問題

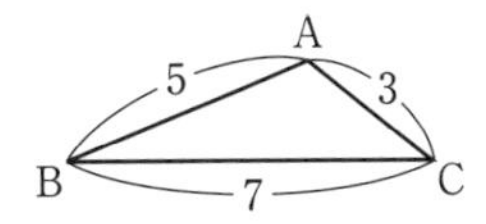

余弦定理より

$$\cos A=\frac{3^2+5^2-7^2}{2\cdot 3\cdot 5}$$

$$=\frac{-15}{30}=-\frac{1}{2}$$

よって，$A=120^\circ$

$$\triangle ABC=\frac{1}{2}\cdot AB\cdot AC\cdot\sin 120^\circ$$

$$=\frac{1}{2}\cdot 5\cdot 3\cdot\frac{\sqrt{3}}{2}=\boxed{\frac{15\sqrt{3}}{4}}$$

内接円の半径を r とすると

$\triangle ABC=\dfrac{1}{2}r(a+b+c)$ より

$\dfrac{15\sqrt{3}}{4}=\dfrac{1}{2}r(7+3+5)$　ゆえに　$r=\boxed{\dfrac{\sqrt{3}}{2}}$

外接円の半径を R とすると，正弦定理より

$\dfrac{7}{\sin 120^\circ}=2R$ より $R=\dfrac{1}{2}\cdot 7\cdot\dfrac{2}{\sqrt{3}}=\boxed{\dfrac{7\sqrt{3}}{3}}$

●チャレンジ問題

(1)

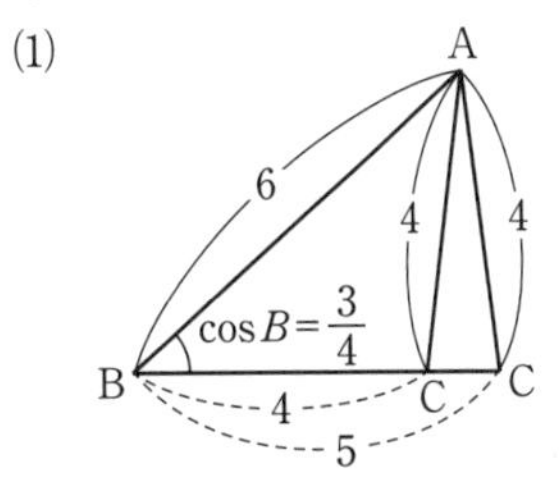

$BC=x$ とすると，余弦定理より

$4^2=6^2+x^2-2\cdot 6\cdot x\cdot\cos B$

$16=36+x^2-2\cdot 6\cdot x\cdot\dfrac{3}{4}$

$x^2-9x+20=0$

$(x-4)(x-5)=0$ より　$x=4,\ 5$

よって，$BC=\boldsymbol{4}$ または **5**

(2) $x=4$ のとき，$AB=6$ が最大辺になり，$AB^2>BC^2+AC^2$ だから∠C は鈍角となるから適さない。

$x=5$ のとき，△ABC の面積を S とすると

$\sin B=\sqrt{1-\cos^2 B}=\sqrt{1-\left(\dfrac{3}{4}\right)^2}$

$=\dfrac{\sqrt{7}}{4}$　だから

$S=\dfrac{1}{2}\cdot 6\cdot 5\cdot\dfrac{\sqrt{7}}{4}=\boldsymbol{\dfrac{15\sqrt{7}}{4}}$

(3) 外接円の半径を R とすると

$$\frac{4}{\sin B} = 2R \text{ より}$$

$$R = \frac{4}{2\cdot\frac{\sqrt{7}}{4}} = \frac{8}{\sqrt{7}} = \mathbf{\frac{8\sqrt{7}}{7}}$$

内接円の半径を r とすると

$$S = \frac{1}{2}r(\mathrm{AB}+\mathrm{BC}+\mathrm{CA}) \text{ より}$$

$$\frac{15\sqrt{7}}{4} = \frac{1}{2}r(6+5+4) = \frac{15}{2}r$$

よって，$r = \mathbf{\frac{\sqrt{7}}{2}}$

20 円に内接する四角形

●確認問題

(1) $\angle\mathrm{BCD} = 180^\circ - 45^\circ = 135^\circ$ だから

$\triangle\mathrm{BCD}$ に余弦定理を適用する。

$$\mathrm{BD}^2 = (\sqrt{2})^2 + 2^2 - 2\cdot\sqrt{2}\cdot2\cdot\cos135^\circ$$
$$= 2+4-4\sqrt{2}\cdot\left(-\frac{1}{\sqrt{2}}\right) = 10$$

$\mathrm{BD}>0$ だから　$\mathrm{BD} = \mathbf{\sqrt{10}}$

(2) 円は $\triangle\mathrm{ABD}$ の外接円だから，正弦定理を適用する。

$$\frac{\sqrt{10}}{\sin45^\circ} = 2R$$

よって，$R = \frac{1}{2}\cdot\sqrt{10}\cdot\frac{2}{\sqrt{2}} = \mathbf{\sqrt{5}}$

●マスター問題

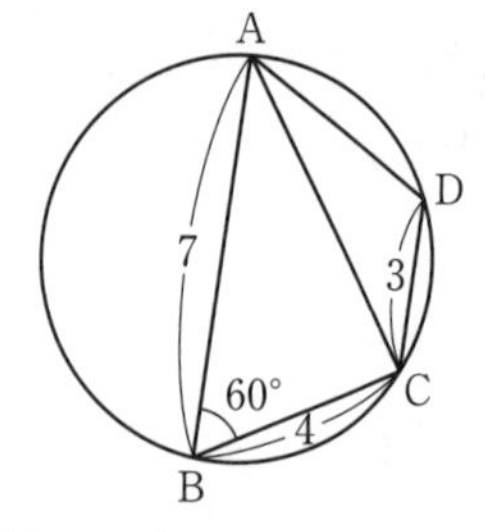

(1) $\triangle\mathrm{ABC}$ に余弦定理を適用する。

$$\mathrm{AC}^2 = 7^2+4^2-2\cdot7\cdot4\cdot\cos60^\circ$$
$$= 49+16-28$$
$$= 37$$

よって，$\mathrm{AC} = \boxed{\sqrt{37}}$

(2) $\mathrm{DA} = x$ とおくと，$\angle\mathrm{ADC} = 180^\circ - 60^\circ = 120^\circ$ だから

$\triangle\mathrm{ACD}$ に余弦定理を適用する。

$$(\sqrt{37})^2 = 3^2 + x^2 - 2\cdot3\cdot x\cdot\cos120^\circ$$
$$37 = 9 + x^2 - 6x\cdot\left(-\frac{1}{2}\right)$$
$$x^2+3x-28=0,\ (x+7)(x-4)=0$$

$x>0$ だから $x=4$　よって　$\mathrm{DA} = \boxed{4}$

(3) $\triangle\mathrm{ACD} = \frac{1}{2}\cdot3\cdot4\cdot\sin120^\circ$

$$= \frac{1}{2}\cdot3\cdot4\cdot\frac{\sqrt{3}}{2} = \boxed{3\sqrt{3}}$$

(4) 円の半径は $\triangle\mathrm{ABC}$ の外接円だから，円の半径を R として $\triangle\mathrm{ABC}$ に正弦定理を適用する。

$$\frac{\mathrm{AC}}{\sin60^\circ} = 2R,\ R = \frac{1}{2}\cdot\sqrt{37}\cdot\frac{2}{\sqrt{3}} = \boxed{\frac{\sqrt{111}}{3}}$$

●チャレンジ問題

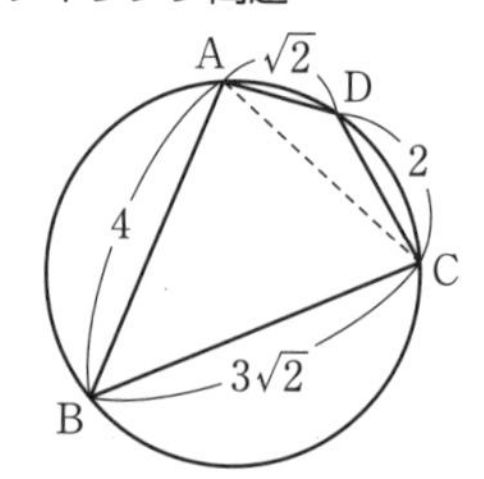

$\angle\mathrm{B}+\angle\mathrm{D} = 180^\circ$ だから

$\triangle\mathrm{ABC}$ と $\triangle\mathrm{DAC}$ に余弦定理を適用する。

$$\mathrm{AC}^2 = 4^2 + (3\sqrt{2})^2 - 2\cdot4\cdot3\sqrt{2}\cos B$$
$$= 34 - 24\sqrt{2}\cos B \quad \cdots\cdots①$$
$$\mathrm{AC}^2 = 2^2 + (\sqrt{2})^2 - 2\cdot2\cdot\sqrt{2}\cos(180^\circ - B)$$
$$= 6 + 4\sqrt{2}\cos B \quad \cdots\cdots②$$

①＝②より

$$34 - 24\sqrt{2}\cos B = 6 + 4\sqrt{2}\cos B$$

$$28\sqrt{2}\cos B = 28 \text{ より}\quad \cos B = \frac{1}{\sqrt{2}}$$

よって，$B = \angle\mathrm{ABC} = \boxed{45^\circ}$

②に代入して

$$\mathrm{AC}^2 = 6 + 4\sqrt{2}\cdot\frac{1}{\sqrt{2}} = 10$$

よって，$\mathrm{AC} = \boxed{\sqrt{10}}$

円Ⅰは $\triangle\mathrm{ABC}$ の外接円だから，半径を R とすると，正弦定理を適用して

$$\frac{\sqrt{10}}{\sin45^\circ} = 2R \text{ より}\quad R = \sqrt{10}\times\frac{1}{\sqrt{2}} = \boxed{\sqrt{5}}$$

四角形の面積を S とすると

$$S = \triangle\mathrm{ABC} + \triangle\mathrm{DAC}$$
$$= \frac{1}{2}\cdot4\cdot3\sqrt{2}\cdot\sin45^\circ + \frac{1}{2}\cdot2\cdot\sqrt{2}\cdot\sin135^\circ$$
$$= 6\sqrt{2}\cdot\frac{\sqrt{2}}{2} + \sqrt{2}\cdot\frac{\sqrt{2}}{2} = \boxed{7}$$

21 箱ひげ図

●確認問題

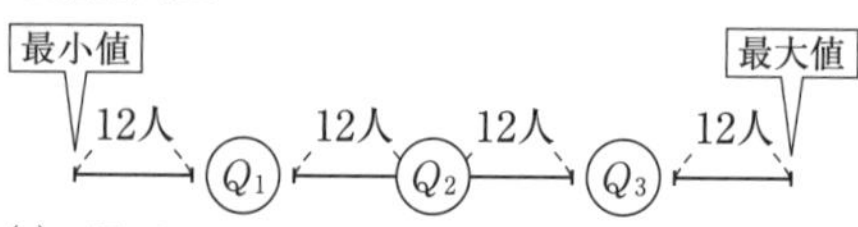

(1) 男子は $Q_3 = 4.5$ で最大値が7だから，5時間以上勉強しているのは少なくとも1人。

女子は $Q_3=5.5$，$Q_2=4.7$ だから，少なくとも 13 人はいる。よって，$1+13=14$ より

14 人以上である。

(2) 男子は $Q_1=3$ だから，3 時間以下は少なくとも 13 人。

女子は $Q_1=3.5$ だから，3 時間以下は多くても 12 人。

よって，男子の方が多いといえる。

●マスター問題

A について

データの総数は 50 だから，Q_3 は大きい方から 13 番目である。Q_3 が 70 点より大きい値だから 13 人以上いる。よって，A は正しい。

B と C について

最大値 90 点に 12 人，Q_3 の 71 点に 12 人，Q_2 の 59 点に 12 人，Q_1 の 40 点に 12 人，最小値 19 点に 1 人のように，極端な分布の場合も考えられるから B と C は適切でない。

よって，A だけが適切だから⓪である。

●チャレンジ問題

a について

平成 27 年の最大値はおよそ 6.6 人，平成 29 年の最大値はおよそ 5.9 人。よって，正しい。

b について

Y は平成 27 年では大きい方から 10 番目にあるから，中央値ではない。よって，正しくない。

c について

A の箱ひげ図は，最大値が 6.6 人，最小値が 1.2 人，Q_1 が小さい方から 12 番目で，3.3 人であり，これは平成 27 年の箱ひげ図である。よって，正しい。

d について

E の箱ひげ図は，最大値が 6.5 人で平成 29 年の最大値 5.9 人と異なる。よって，正しくない。

e について

この散布図は右上りの直線にそった分布をしていて，X はその分布から離れた位置にあるから，X がなければ相関係数は大きくなる。よって，正しい。

f について

この散布図は明らかに正の相関である。よって，正しくない。

以上，正しいものは [a]，[c]，[e] である。

22 平均値と分散・標準偏差

●確認問題

(1) $\overline{x}=\dfrac{1}{6}(4+11+8+5+4+10)=\dfrac{42}{6}=\mathbf{7}$

$$s^2=\frac{1}{6}\{(4-7)^2+(11-7)^2+(8-7)^2+(5-7)^2+(4-7)^2+(10-7)^2\}$$

$$=\frac{1}{6}(9+16+1+4+9+9)$$

$$=\frac{48}{6}=8$$

よって，標準偏差 $\boldsymbol{s=\sqrt{8}=2\sqrt{2}}$ （$\fallingdotseq 2.82$）

別解 $s^2=\dfrac{1}{6}(4^2+11^2+8^2+5^2+4^2+10^2)-7^2$

$$=\frac{342}{6}-49=8$$

よって，$\boldsymbol{s=\sqrt{8}=2\sqrt{2}}$ （$\fallingdotseq 2.82$）

(2) $5\to4$ で 1 減り，$11\to12$ で 1 増えるから，**平均値は同じである。**

また，偏差の 2 乗はもとのデータでは

$(5-7)^2+(11-7)^2=20$

正しいデータでは

$(4-7)^2+(12-7)^2=34$

よって，**標準偏差は大きくなる。**

別解 $5\to4$，$11\to12$ で，どちらも平均値 7 から離れているから標準偏差は大きくなる。

●マスター問題

8 名の生徒の得点を x_1，x_2，…，x_8 とすると平均点が 7 点だから

$$\frac{x_1+x_2+\cdots+x_8}{8}=7 \quad より$$

$$x_1+x_2+\cdots+x_8=56$$

分散が 4 点だから

$$\frac{{x_1}^2+{x_2}^2+\cdots+{x_8}^2}{8}-7^2=4 \quad より$$

$${x_1}^2+{x_2}^2+\cdots+{x_8}^2=424$$

追加された 2 名の得点が 0 点と 4 点だから 10 名の平均点は

$$\frac{x_1+x_2+\cdots+x_8+0+4}{10}=\frac{56+4}{10}=\frac{60}{10}=\boxed{6}$$

分散は

$$\frac{{x_1}^2+{x_2}^2+\cdots+{x_8}^2+0^2+4^2}{10}-6^2$$

$$=\frac{424+16}{10}-36=\boxed{8}$$

●チャレンジ問題

1 回目と 2 回目の得点が変わらなかった生徒の得点を x_1，x_2，x_3 とすると，1 回目と 2 回目の得点は次のようになる。

1 回目	3	3	3	5	5	7	7	x_1	x_2	x_3
2 回目	5	5	5	8	8	6	6	x_1	x_2	x_3

1 回目のテストの分散は，標準偏差が 2 だから

$2^2=\boxed{4}$

1 回目の平均点が 5 だから

$$\frac{3+3+3+5+5+7+7+x_1+x_2+x_3}{10}=5 \quad より$$

$x_1+x_2+x_3=17$ ……①

1回目の分散が4だから

$$\frac{3^2\times3+5^2\times2+7^2\times2+x_1{}^2+x_2{}^2+x_3{}^2}{10}-5^2=4$$

$$x_1{}^2+x_2{}^2+x_3{}^2=290-175=115 \quad ……②$$

2回目のテストの平均点は，得点差を考えて

$$\frac{(5-3)\times3+(8-5)\times2+(6-7)\times2}{10}+5=\boxed{6}$$

（①を代入して

$$\frac{5\times3+8\times2+6\times2+x_1+x_2+x_3}{10}=\frac{43+17}{10}=6$$

として求めてもよい。）

2回目の分散は

$$\frac{5^2\times3+8^2\times2+6^2\times2+x_1{}^2+x_2{}^2+x_3{}^2}{10}-6^2$$

②を代入して

$$\frac{275+115}{10}-36=3$$

よって，2回目の標準偏差は $\boxed{\sqrt{3}}$

23 相関係数と散布図

●マスター問題

x の平均値を $\overline{x}$，分散を $s_x{}^2$，y の平均値を $\overline{y}$，分散を $s_y{}^2$ とすると

$$\overline{x}=\frac{1}{5}(3+4+5+6+7)=5$$

$$\overline{y}=\frac{1}{5}(8+6+10+14+12)=10$$

$$s_x{}^2=\frac{1}{5}\{(3-5)^2+(4-5)^2+(5-5)^2+(6-5)^2+(7-5)^2\}=\frac{10}{5}=2$$

$$s_y{}^2=\frac{1}{5}\{(8-10)^2+(6-10)^2+(10-10)^2+(14-10)^2+(12-10)^2\}=\frac{40}{5}=8$$

x と y の共分散を s_{xy} とすると

$$s_{xy}=\frac{1}{5}\{(3-5)(8-10)+(4-5)(6-10)+(5-5)(10-10)+(6-5)(14-10)+(7-5)(12-10)\}$$

$$=\frac{1}{5}(4+4+0+4+4)=\boxed{\frac{16}{5}}$$

よって，相関係数を r とすると

$$r=\frac{s_{xy}}{s_xs_y}=\frac{\frac{16}{5}}{\sqrt{2}\sqrt{8}}=\frac{4}{5}=\boxed{0.8}$$

●チャレンジ問題

(1) ①の生徒は「理科が1点，社会が10点」だからこれにあてはまるのは(A)と(C)

⑤と⑦の生徒の理科が同じ7点であるが，(C)には同じ得点の理科の生徒はいない。

よって，適切な散布図は $\boxed{\text{(A)}}$

(2) ⑧の生徒の理科の得点を a とすると

$1+3+4+9+7+6+7+a+5+8=5\times10$

$50+a=50$ よって，$a=\boxed{0}$ (ア)

理科の得点の分散を $s_x{}^2$ とすると

$$s_x{}^2=\frac{1}{10}\{(1-5)^2+(3-5)^2+(4-5)^2+(9-5)^2+(7-5)^2+(6-5)^2+(7-5)^2+(0-5)^2+(5-5)^2+(8-5)^2\}$$

$$=\frac{1}{10}(16+4+1+16+4+1+4+25+9)$$

$$=\frac{80}{10}=\boxed{8} \text{(イ)}$$

(3) ④と⑨の生徒の社会の得点をそれぞれ b，c とすると

$10+7+6+b+4+5+2+5+c+7=6\times10$

$46+b+c=60$ よって，$b+c=14$ ……①

社会の分散を $s_y{}^2$ とすると

$$s_y{}^2=\frac{1}{10}\{(10-6)^2+(7-6)^2+(6-6)^2+(b-6)^2+(4-6)^2+(5-6)^2+(2-6)^2+(5-6)^2+(c-6)^2+(7-6)^2\}$$

$$=\frac{1}{10}\{16+1+(b-6)^2+4+1+16+1+(c-6)^2+1\}$$

$$=\frac{1}{10}\{40+(b-6)^2+(c-6)^2\}=5$$

$(b-6)^2+(c-6)^2=10$ ……②

①より $c=14-b$ を②に代入して

$(b-6)^2+(8-b)^2=10$

$b^2-14b+45=0$

$(b-5)(b-9)=0$ よって，$b=5$，9

$b=5$ のとき $c=9$

$b=9$ のとき $c=5$

このうち $b=9$ とすると，④の生徒は理科，社会とも9点であるが，散布図(A)にいない。

したがって，$b=\boxed{5}$ (ウ)，$c=\boxed{9}$ (エ)である。

(4) 理科と社会の相関係数を r とすると

$$r=\frac{-2.7}{s_xs_y}=\frac{-2.7}{\sqrt{8}\sqrt{5}}=\boxed{-\frac{27\sqrt{10}}{200}} \text{(オ)}$$

である。

24 いろいろな順列

●確認問題

(1) ${}_{11}P_3 = 11\cdot10\cdot9 = \mathbf{990}$（通り）

(2) $\dfrac{9!}{3!2!4!} = \dfrac{9\cdot8\cdot7\cdot6\cdot5}{3\cdot2\cdot1\cdot2\cdot1} = \mathbf{1260}$（通り）

(3) 同じ数字を何回も使ってよいとき

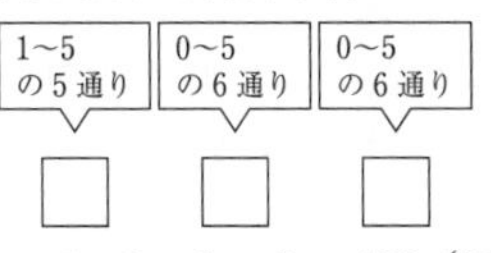

よって，$5\times6\times6 = \mathbf{180}$（個）

●マスター問題

(1) 男子3人をまとめて1人とみて，女子と合わせて6人の並び方は ${}_6P_6$ 通り。

男子3人の並び方は ${}_3P_3$ 通り。

よって，${}_6P_6\times{}_3P_3 = 6\cdot5\cdot4\cdot3\cdot2\cdot1\times3\cdot2\cdot1$
$= 720\times6 = \mathbf{4320}$（通り）

(2) 両端にくる女子2人の並び方は ${}_5P_2$ 通り。

残りの6人の並び方は ${}_6P_6$ 通り。

よって，${}_5P_2\times{}_6P_6 = 5\cdot4\times6\cdot5\cdot4\cdot3\cdot2\cdot1$
$= 20\times720 = \mathbf{14400}$（通り）

(3) A, B, C がこの順になるのは男子 A, B, C を同じものとして並べる順列に等しい。

よって，$\dfrac{8!}{3!} = 8\cdot7\cdot6\cdot5\cdot4 = \mathbf{6720}$（通り）

●チャレンジ問題

1と2のカードの間に入るのは，次のように3枚を1組にして連続して並べればよい。

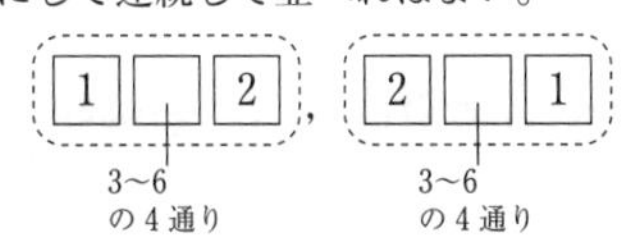

間に入るカードは4通りあり，1組と残りの3枚を並べるのは ${}_4P_4$ 通り。

よって，$2\times4\times{}_4P_4 = 2\times4\times4\cdot3\cdot2\cdot1 = \mathbf{192}$（通り）

25 整数を並べる

●確認問題

偶数となる場合

${}_5P_2$ 2, 4, 6 のどれか
□□□

よって，${}_5P_2\times3 = 5\cdot4\times3 = $ **60**（個）

3の倍数となるのは各位の数の和が3の倍数のときだから，使われる数の組合せは次の8通り。

(2, 3, 4), (2, 3, 7), (2, 4, 6)
(2, 6, 7), (3, 4, 5), (3, 5, 7)
(4, 6, 5), (5, 6, 7)

それぞれ3桁の数は $3! = 6$ 通り。

よって，$8\times3! = $ **48**（個）

6の倍数は，2かつ3の倍数だから，上の48個の中から偶数となるものである。

(2, 4, 6) のとき $3! = 6$（個）

(2, 3, 4), (2, 6, 7), (4, 6, 5) のとき

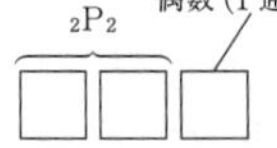

$3\times{}_2P_2\times2 = 12$（個）

(2, 3, 7), (3, 4, 5), (5, 6, 7) のとき

${}_2P_2$ 偶数(1通り)
□□□

$3\times{}_2P_2 = 6$（個）

よって，$6+12+6 = $ **24**（個）

●マスター問題

3桁の整数は全部で

${}_7P_3 = 7\times6\times5 = $ **210**（個）

${}_6P_2$ 2, 4, 6 のどれか

偶数は □□□

$3\times{}_6P_2 = 3\times6\cdot5 = $ **90**（個）

345以上の整数は

(i) 345, 346, 347 の3個

(ii) 35□, 36□, 37□ の整数はそれぞれ5通りあるから

$3\times5 = 15$（個）

(iii) 4□□, 5□□, 6□□, 7□□ の整数は ${}_6P_2$ 通りあるから

$4\times{}_6P_2 = 4\times6\cdot5 = 120$（個）

よって，(i), (ii), (iii)より345以上の整数は

$3+15+120 = $ **138** 個ある。

67番目の数は

1□□の整数が ${}_6P_2 = 30$ 個
2□□ 〃 ${}_6P_2 = 30$ 個
3 1□ 〃 5個
} 65個

次の整数は321, 324とくる。

よって，67番目の整数は **324**

●チャレンジ問題

(1) 5の倍数となるのは

(i) 一の位が0のとき

${}_6P_2 = 6\times5 = 30$（個） （${}_6P_2$ □□0）

(ii) 一の位が5のとき

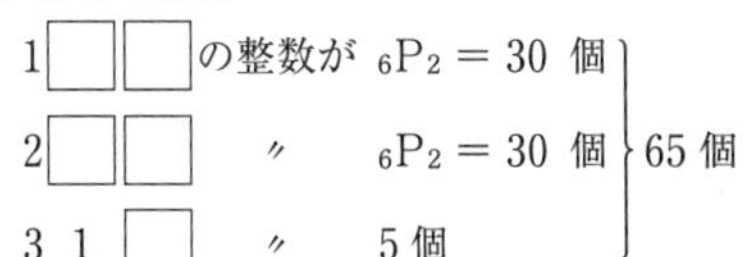

$5\times5 = 25$（個）

よって，(i)，(ii)より

$30+25=\mathbf{55}$（個）

(2) つくられる整数は全部で

$6\times {}_6P_2=6\times 6\cdot 5=180$（個）

その中で0と5を含まない1，2，3，4，6 でつくられる3桁の整数は

${}_5P_3=5\cdot 4\cdot 3=60$（個）

積が5の倍数になるのは，0か5の少なくとも一方を含めばよい。

よって，$180-60=\mathbf{120}$（個）

(3) 各位の数の和が5の倍数となる組合せは

(0，1，4)，(0，2，3)，(0，4，6)

(1，3，6)，(1，4，5)，(2，3，5)

(4，5，6) の7通り

0を含むものの3桁の整数は

$2\times {}_2P_2=2\times 2\cdot 1=4$（個） だから

$3\times 4=12$（個）

0を含まないものの3桁の整数は

${}_3P_3=3\cdot 2\cdot 1=6$（個） だから

$4\times 6=24$（個）

よって，$12+24=\mathbf{36}$（個）

26 組合せ

●確認問題

奇数が5枚，偶数が5枚あるから，奇数を2枚，偶数を1枚選ぶのは

$${}_5C_2\times {}_5C_1=\frac{5\cdot 4}{2\cdot 1}\times 5=\boxed{50}\ (通り)$$

10枚から3枚選ぶのは

$${}_{10}C_3=\frac{10\cdot 9\cdot 8}{3\cdot 2\cdot 1}=120\ (通り)$$

3枚とも奇数を選ぶのは

$${}_5C_3=\frac{5\cdot 4\cdot 3}{3\cdot 2\cdot 1}=10\ (通り)$$

よって，少なくとも1枚は偶数である選び方は

$120-10=\boxed{110}$（通り）

●マスター問題

5人，5人に分けるのは

${}_{10}C_5\times 1\div 2!$

$$=\frac{10\cdot 9\cdot 8\cdot 7\cdot 6}{5\cdot 4\cdot 3\cdot 2\cdot 1}\div 2=\boxed{126}\ (通り)$$

2人，2人，3人，3人に分けるのは

${}_{10}C_2\times {}_8C_2\times {}_6C_3\times 1\div(2!\times 2!)$

$$=\frac{10\cdot 9}{2\cdot 1}\times\frac{8\cdot 7}{2\cdot 1}\times\frac{6\cdot 5\cdot 4}{3\cdot 2\cdot 1}\div 4$$

$=45\times 28\times 20\div 4=\boxed{6300}$（通り）

特定の1人を除いて，9人を3人，3人，2人，1人に分け，1人の組に特定の1人を入れればよい。

${}_9C_3\times {}_6C_3\times {}_3C_2\times 1\div 2!$

$$=\frac{9\cdot 8\cdot 7}{3\cdot 2\cdot 1}\times\frac{6\cdot 5\cdot 4}{3\cdot 2\cdot 1}\times 3\div 2$$

$=84\times 20\times 3\div 2=\boxed{2520}$（通り）

●チャレンジ問題

(1) 7以上18以下の12個の整数の中から3個選べばよいから

$${}_{12}C_3=\frac{12\cdot 11\cdot 10}{3\cdot 2\cdot 1}=\mathbf{220}\ (通り)$$

(2) 23以下の数から3個選ぶ選び方から22以下の数から3個選ぶ選び方を除けばよいから

$${}_{23}C_3-{}_{22}C_3=\frac{23\cdot 22\cdot 21}{3\cdot 2\cdot 1}-\frac{22\cdot 21\cdot 20}{3\cdot 2\cdot 1}$$

$$=1771-1540=\mathbf{231}\ (通り)$$

$$\left(\begin{array}{l}\dfrac{23\cdot 22\cdot 21}{3\cdot 2\cdot 1}-\dfrac{22\cdot 21\cdot 20}{3\cdot 2\cdot 1}=\dfrac{22\cdot 21}{3\cdot 2\cdot 1}(23-20)\\ =\dfrac{22\cdot 21}{3\cdot 2\cdot 1}\cdot 3=\dfrac{22\cdot 21}{2}=231\end{array}\right)$$

別解 23と22以下の数から2個選べばよいから

$${}_{22}C_2=\frac{22\cdot 21}{2\cdot 1}=\mathbf{231}\ (通り)$$

(3) 少なくとも1個が12以上であればよいので，全部の総数から11以下の数だけの場合を除けばよい。

$${}_{30}C_3-{}_{11}C_3=\frac{30\cdot 29\cdot 28}{3\cdot 2\cdot 1}-\frac{11\cdot 10\cdot 9}{3\cdot 2\cdot 1}$$

$$=4060-165=\mathbf{3895}\ (通り)$$

(4) 1から30までの素数は

2，3，5，7，11，13，17，19，23，29の10個

よって，$${}_{10}C_3=\frac{10\cdot 9\cdot 8}{3\cdot 2\cdot 1}=\mathbf{120}\ (通り)$$

27 並んでいるものの間に入れる順列

●確認問題

(1) 男子5人の並び方は ${}_5P_5$ 通り。

∧㊚∧㊚∧㊚∧㊚∧㊚∧

女子3人は6か所から3か所選んで並べればよいから ${}_6P_3$ 通り。

ゆえに ${}_5P_5\times {}_6P_3=5\cdot 4\cdot 3\cdot 2\cdot 1\times 6\cdot 5\cdot 4$

$=120\times 120=\boxed{14400}$（通り）

(2) H，O，G，R，Kの5文字の並べ方は

5!(通り)

3つのA，A，Aの並べ方は

∧H∧O∧G∧R∧K∧

上の6か所の∧から3か所選んでAを並べればよいから

${}_6C_3$（通り）

よって，${}_5P_5\times {}_6C_3$

$$=5\cdot 4\cdot 3\cdot 2\cdot 1\times\frac{6\cdot 5\cdot 4}{3\cdot 2\cdot 1}$$

$= 120 \times 20 = \boxed{2400}$ (通り)

●マスター問題

(1) 交互に並ぶ並べ方は，次の2通り。

㊅㊇㊅㊇㊅㊇㊅㊇ (大小大小大小大小)

(小大小大小大小大)

大文字，小文字の並べ方はどちらも

$_4P_4$ 通り

よって，$2 \times {_4P_4} \times {_4P_4}$

$= 2 \times 4 \cdot 3 \cdot 2 \cdot 1 \times 4 \cdot 3 \cdot 2 \cdot 1$

$= 2 \times 24 \times 24 = \mathbf{1152}$ (通り)

(2) 始めに大文字を並べる並べ方は

$_4P_4$ 通り

$\wedge A \wedge \quad \wedge B \wedge \quad \wedge C \wedge \quad \wedge D \wedge$

小文字の a は A の左右の2通り，同様に b，c，d も2通りある。

よって，$_4P_4 \times 2 \times 2 \times 2 \times 2$

$= 4 \cdot 3 \cdot 2 \cdot 1 \times 16 = \mathbf{384}$ (通り)

別解 Aa，Bb，Cc，Dd のように1つにまとめて並べる。

並べ方は $_4P_4$ 通り。

隣り合うのは aA，Aa のように，それぞれ2通りあるから

$2 \times 2 \times 2 \times 2 = 2^4$ 通り

よって，$_4P_4 \times 2^4 = 4 \cdot 3 \cdot 2 \cdot 1 \times 16$

$= \mathbf{384}$ (通り)

●チャレンジ問題

(1) 始めに女子6人を円形に並べるのが

$(6-1)! = 5!$ 通り。

次に，女子の間に3人の男子を入れるのは6か所の∧から3か所選んで並べればよいから

$_6P_3$ 通り

よって，$5! \times {_6P_3}$

$= 5 \cdot 4 \cdot 3 \cdot 2 \cdot 1 \times 6 \cdot 5 \cdot 4$

$= 120 \times 120 = \mathbf{14400}$ (通り)

(2) 3，4，5，6の4個の整数の並べ方は

$4!$(通り)

1，1，2，2の4個の整数の並べ方は

$\wedge 3 \wedge 4 \wedge 5 \wedge 6 \wedge$

上の5か所の∧から4か所選んで1，1，2，2を並べればよいから

$_5C_4 \times \dfrac{4!}{2!2!}$

よって，$4! \times {_5C_4} \times \dfrac{4!}{2!2!}$

$= 4 \cdot 3 \cdot 2 \cdot 1 \times 5 \times 6 = \boxed{720}$ (通り)

28 確率の基本

●確認問題

並べ方の総数は $_7P_3$ 通り。

(1) 2，4，6の3通り

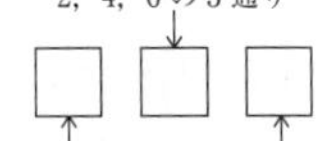

残りの6個から2個取り出しての並べるのは $_6P_2$ 通り。

中央に偶数がくるのは $3 \times {_6P_2}$ 通り。

よって，$\dfrac{3 \times {_6P_2}}{_7P_3} = \dfrac{3 \times 6 \cdot 5}{7 \cdot 6 \cdot 5} = \mathbf{\dfrac{3}{7}}$

(2) 小さい方から連続して並ぶのは

123，234，345，456，567

の5通り。

よって，$\dfrac{5}{_7P_3} = \dfrac{5}{7 \cdot 6 \cdot 5} = \mathbf{\dfrac{1}{42}}$

(3) 1～7の7個の数から3個を選んで，小さい数を左から並べればよいから

$_7C_3$ 通り

よって，$\dfrac{_7C_3}{_7P_3} = \dfrac{35}{7 \cdot 6 \cdot 5} = \mathbf{\dfrac{1}{6}}$

●マスター問題

(1) (i) 並べ方の総数は $_7P_5$ 通り。

a，b，c 以外の2文字○○を選ぶのは

$_4C_2$ 通り

a，b，c，○，○の5文字の並べ方は

$_5P_5$ 通り。

よって，$\dfrac{_4C_2 \times {_5P_5}}{_7P_5} = \dfrac{6 \times 120}{2520} = \mathbf{\dfrac{2}{7}}$

$\left(\dfrac{_4C_2 \times {_5P_5}}{_7P_5} = \dfrac{6 \times 5 \cdot 4 \cdot 3 \cdot 2 \cdot 1}{7 \cdot 6 \cdot 5 \cdot 4 \cdot 3} = \dfrac{2}{7}\right)$

(ii) defg を1つにして並べる並べ方は

○ defg と defg ○ の

○に a，b，c が入る場合があるから

$2 \times 3 = 6$ (通り)

よって，$\dfrac{6}{_7P_5} = \dfrac{6}{7 \cdot 6 \cdot 5 \cdot 4 \cdot 3} = \mathbf{\dfrac{1}{420}}$

(2) 取り出し方の総数は $_9C_3$ 通り。

(i) すべて奇数を取り出すのは $_5C_3$ 通り。

よって，$\dfrac{_5C_3}{_9C_3} = \dfrac{10}{84} = \mathbf{\dfrac{5}{42}}$

(ii) 3枚の和が奇数となるのは

「3枚とも奇数」か「1枚が奇数で2枚が偶数」のときだから，$_5C_3 + {_5C_1} \times {_4C_2}$ (通り)

よって，$\dfrac{_5C_3 + {_5C_1} \times {_4C_2}}{_9C_3} = \dfrac{10+30}{84} = \mathbf{\dfrac{10}{21}}$

●チャレンジ問題

6個の商品と入っていた引き出しをそれぞれ，1，2，

3，4，5，6とする。

6個の商品を無作為に戻す方法は

$6!$(通り)

このうち，3個の商品が同じ引き出しに戻る場合を考える。

仮に，1，2，3の商品がもとの引き出しに戻るのは次の2通り。

$$\begin{array}{cccccc} 1 & 2 & 3 & 4 & 5 & 6 \\ \downarrow & \downarrow & \downarrow & & & \\ 1 & 2 & 3 & 4 & 5 & 6 \end{array}$$

$$\begin{array}{cccccc} 1 & 2 & 3 & 4 & 5 & 6 \\ \downarrow & \downarrow & \downarrow & & & \\ 1 & 2 & 3 & 4 & 5 & 6 \end{array}$$

もとの引き出しに戻る3個の商品の選び方は${}_6C_3$通り

よって，求める確率は

$$\frac{2\times{}_6C_3}{6!}=\frac{2\times20}{720}=\mathbf{\frac{1}{18}}$$

29　余事象の確率

●確認問題

(1)　製品の取り出し方は全部で ${}_{15}C_3$ 通り。

すべて良品である場合は ${}_{12}C_3$ 通り。

よって，少なくとも1個の不良品が含まれる確率は

$$1-\frac{{}_{12}C_3}{{}_{15}C_3}=1-\frac{220}{455}=\mathbf{\frac{47}{91}}$$

(2)　カードの取り出し方は全部で ${}_{10}C_3$ 通り。

1と2のカードを同時に含む場合は

${}_2C_2\times{}_8C_1$ (通り)

よって，1と2を同時に含まない確率は

$$1-\frac{{}_2C_2\times{}_8C_1}{{}_{10}C_3}=1-\frac{8}{120}=\mathbf{\frac{14}{15}}$$

●マスター問題

カードの取り出し方は全部で ${}_{20}C_2$ 通り。

(1)　2枚のカードが同じ数である場合は

$5\times{}_4C_2$ (通り)

よって，$\dfrac{5\times{}_4C_2}{{}_{20}C_2}=\dfrac{30}{190}=\mathbf{\dfrac{3}{19}}$

(2)　2枚のカードの数の差が1の場合は

(1，2)，(2，3)，(3，4)，(4，5) の4通りでそれぞれが ${}_4C_1\times{}_4C_1$ (通り) ある。

したがって，$4\times{}_4C_1\times{}_4C_1=64$ (通り) だから

その確率は　$\dfrac{64}{{}_{20}C_2}=\dfrac{64}{190}$

よって，カードの数の差が2以上になるのは，差が1以下でない場合だから，その確率は(1)の差が0の場合と1の場合の余事象を考え

$$1-\left(\frac{3}{19}+\frac{64}{190}\right)=1-\frac{94}{190}=\mathbf{\frac{48}{95}}$$

●チャレンジ問題

(1)　1つのボールをAかBかCに入れるのは3通りある。したがって，3個のボールの入れ方は

$3^3=\mathbf{27}$ (通り)

(2)　1つの箱に2つ以上のボールが入っている事象の余事象は，A，B，Cの箱に1個ずつ入っている事象で，$3!=6$ 通り。

よって，$1-\dfrac{6}{27}=\mathbf{\dfrac{7}{9}}$

(3)　Aの箱が空である事象は，3つのボールがBかCに入っている事象の余事象である。3つのボールがBかCに入っているのは

$2^3=8$ 通り

よって，$1-\dfrac{8}{27}=\mathbf{\dfrac{19}{27}}$

30　続けて起こる場合の確率

●確認問題

(1)　1本目が当たる確率は $\dfrac{5}{20}=\mathbf{\dfrac{1}{4}}$

(2)　2本目が当たる確率は

(i)　1本目が当たり，2本目が当たる場合

$$\frac{5}{20}\times\frac{4}{19}=\frac{1}{19}$$

(ii)　1本目がはずれ，2本目が当たる場合

$$\frac{15}{20}\times\frac{5}{19}=\frac{15}{76}$$

(i)，(ii)は互いに排反であるから

$$\frac{1}{19}+\frac{15}{76}=\mathbf{\frac{1}{4}}$$

(3)　1本だけ当たる確率は

(i)　1本目が当たり，2本目がはずれる場合

$$\frac{5}{20}\times\frac{15}{19}=\frac{15}{76}$$

(ii)　1本目がはずれ，2本目が当たる場合

$$\frac{15}{20}\times\frac{5}{19}=\frac{15}{76}$$

(i)，(ii)は互いに排反であるから

$$\frac{15}{76}+\frac{15}{76}=\mathbf{\frac{15}{38}}$$

●マスター問題

3回まで青玉が続き，4回目で赤玉の場合だから

$$\frac{5}{8}\times\frac{5}{8}\times\frac{5}{8}\times\frac{3}{8}=\boxed{\mathbf{\frac{375}{4096}}}$$

1回目で赤玉を取り出す確率は $\dfrac{3}{8}$

2回目で赤玉を取り出す確率は $\dfrac{5}{8}\times\dfrac{3}{8}=\dfrac{15}{64}$

3回目で赤玉を取り出す確率は $\dfrac{5}{8}\times\dfrac{5}{8}\times\dfrac{3}{8}=\dfrac{75}{512}$

よって，$\frac{3}{8}+\frac{15}{64}+\frac{75}{512}=\frac{192+120+75}{512}=\boxed{\frac{387}{512}}$

●チャレンジ問題

(1) $\frac{4}{6}\times\frac{4}{6}=\mathbf{\frac{4}{9}}$

(2) 白－赤 の場合　　　赤－赤 の場合

$\frac{4}{6}\times\frac{2}{6}=\frac{2}{9}$　　　$\frac{2}{6}\times\frac{1}{5}=\frac{1}{15}$

よって，$\frac{2}{9}+\frac{1}{15}=\mathbf{\frac{13}{45}}$

(3) 3回中2回赤玉を取り出す場合で
赤赤白，赤白赤，白赤赤　と取り出せばよい。

赤赤白：$\frac{2}{6}\times\frac{1}{5}\times\frac{4}{4}=\frac{1}{15}$

赤白赤：$\frac{2}{6}\times\frac{4}{5}\times\frac{1}{5}=\frac{4}{75}$

白赤赤：$\frac{4}{6}\times\frac{2}{6}\times\frac{1}{5}=\frac{2}{45}$

よって，$\frac{1}{15}+\frac{4}{75}+\frac{2}{45}=\mathbf{\frac{37}{225}}$

31 反復試行の確率

●確認問題

(1) 2枚のコインを投げて2枚とも表が出る確率は
$\frac{1}{4}$ だから

$${}_5C_3\left(\frac{1}{4}\right)^3\left(\frac{3}{4}\right)^2=10\times\frac{9}{2^{10}}=\mathbf{\frac{45}{512}}$$

(2) 1の目の出る確率 $\frac{1}{6}$

2または3の目の出る確率 $\frac{2}{6}$

4以上の目の出る確率 $\frac{3}{6}$　だから

$$\frac{6!}{3!2!1!}\left(\frac{1}{6}\right)^3\left(\frac{2}{6}\right)^2\left(\frac{3}{6}\right)^1$$

$$=60\times\frac{12}{6^6}=\mathbf{\frac{5}{324}}$$

●マスター問題

(1) 1回の試行で赤玉が出る確率は $\frac{1}{3}$

白玉が出る確率は $\frac{2}{3}$

よって，${}_6C_2\left(\frac{1}{3}\right)^2\left(\frac{2}{3}\right)^4=15\times\frac{2^4}{3^6}=\mathbf{\frac{80}{243}}$

(2) 5回までに赤玉が2回出ていて，6回目に3回目の赤玉を取り出す場合である。

よって，${}_5C_2\left(\frac{1}{3}\right)^2\left(\frac{2}{3}\right)^3\times\frac{1}{3}=10\times\frac{8}{3^5}\times\frac{1}{3}$

$$=\mathbf{\frac{80}{729}}$$

●チャレンジ問題

Aが4勝0敗で優勝する確率は

$$\left(\frac{3}{5}\right)^4=\boxed{\frac{81}{625}}\quad\cdots\cdots①$$

Aが4勝1敗で優勝するのは，4試合終了したとき3勝1敗で，5試合目に勝つ場合であるから

$${}_4C_3\left(\frac{3}{5}\right)^3\left(\frac{2}{5}\right)\times\frac{3}{5}=\boxed{\frac{648}{3125}}\quad\cdots\cdots②$$

6試合までに優勝するのは，①，②の場合と6試合目で優勝する場合である。

6試合目で優勝するのは，5試合終了したとき，3勝2敗で，6試合目に勝つ場合であるから

$${}_5C_3\left(\frac{3}{5}\right)^3\left(\frac{2}{5}\right)^2\times\frac{3}{5}=10\times\frac{81\times4}{5^6}$$

$$=\frac{648}{3125}\quad\cdots\cdots③$$

よって，①，②，③より

$$\frac{81}{625}+\frac{648}{3125}+\frac{648}{3125}=\boxed{\frac{1701}{3125}}$$

32 条件つき確率

●確認問題

$X=0$ となる事象を C，袋Bから取り出したカードの数が1以上である事象を D とする。

$X=0$ となるのは $X\neq0$ となる事象の余事象である。

$X\neq0$ となる確率は袋Aからも袋Bからも0のカードを取り出さない場合だから

$$P(\overline{C})=\frac{{}_4C_2}{{}_5C_2}\times\frac{4}{5}=\frac{6}{10}\times\frac{4}{5}=\frac{12}{25}$$

よって，$X=0$ となる確率は

$$P(C)=1-\frac{12}{25}=\boxed{\frac{13}{25}}$$

このとき，袋Bから取り出したカードが1以上であるとき，袋Aから取り出したカードの1枚は0であるから

$$P(C\cap D)=\frac{{}_4C_1}{{}_5C_2}\times\frac{4}{5}=\frac{4}{10}\times\frac{4}{5}=\frac{8}{25}$$

求める条件つき確率は

$$P_C(D)=\frac{P(C\cap D)}{P(C)}=\frac{\frac{8}{25}}{\frac{13}{25}}=\boxed{\frac{8}{13}}$$

●マスター問題

袋Bから3個の赤玉を取り出す事象を X，袋Aから取り出した玉が赤玉である事象を Y とする。

(i) 袋Aから赤玉を取り出す場合

$$P(X\cap Y)=\frac{3}{7}\times\frac{{}_6C_3}{{}_8C_3}=\frac{3}{7}\times\frac{20}{56}=\frac{15}{98}$$

(ii)　袋Aから白玉を取り出す場合

$$P(X\cap\overline{Y})=\frac{4}{7}\times\frac{{}_5C_3}{{}_8C_3}=\frac{4}{7}\times\frac{10}{56}=\frac{10}{98}$$

(i), (ii)は排反であるから

$$P(X)=\frac{15}{98}+\frac{10}{98}=\boxed{\frac{25}{98}}$$

求める条件つき確率は

$$P_X(Y)=\frac{P(X\cap Y)}{P(X)}=\frac{\frac{15}{98}}{\frac{25}{98}}=\boxed{\frac{3}{5}}$$

●チャレンジ問題

機械A, B, Cから部品を取り出す事象をそれぞれA, B, Cとすると

$$P(A)=\frac{5}{10},\ P(B)=\frac{3}{10},\ P(C)=\frac{2}{10}$$

$$P_A(E)=\frac{10}{100},\ P_B(E)=\frac{20}{100},\ P_C(E)=\frac{5}{100}$$

(1)　$P(E)=P(A)\cdot P_A(E)+P(B)\cdot P_B(E)+P(C)\cdot P_C(E)$

$$=\frac{5}{10}\times\frac{10}{100}+\frac{3}{10}\times\frac{20}{100}+\frac{2}{10}\times\frac{5}{100}$$

$$=\frac{120}{1000}=\boldsymbol{\frac{3}{25}}$$

(2)　$P_E(B)=\dfrac{P(E\cap B)}{P(E)}=\dfrac{\frac{60}{1000}}{\frac{120}{1000}}=\boldsymbol{\dfrac{1}{2}}$

33　期待値

●確認問題

目の出方を(1回目, 2回目)と表す。

(1)　$X=3$となるのは
(1, 2), (2, 1)のときで
$1\times2+2\times1=4$通り

よって, $\dfrac{4}{36}=\boldsymbol{\dfrac{1}{9}}$

(2)　$X=2$となるのは(1, 1)のときで1通り
$X=4$となるのは
(1, 3), (2, 2), (3, 1)のときで
$1\times3+2\times2+3\times1=10$通り
$X=5$となるのは
(2, 3), (3, 2)のときで
$2\times3+3\times2=12$通り
$X=6$となるのは(3, 3)のときで
$3\times3=9$通り

Xと確率の表をかくと, 次のようになる。(表はかかなくてもよい。)

X	2	3	4	5	6	計
P	$\frac{1}{36}$	$\frac{4}{36}$	$\frac{10}{36}$	$\frac{12}{36}$	$\frac{9}{36}$	1

よって, 求める期待値は

$$E=2\times\frac{1}{36}+3\times\frac{4}{36}+4\times\frac{10}{36}$$

$$+5\times\frac{12}{36}+6\times\frac{9}{36}$$

$$=\frac{168}{36}=\boldsymbol{\frac{14}{3}}$$

別解　1の目の出る確率は$\dfrac{1}{6}$

2の目の出る確率は$\dfrac{2}{6}$

3の目の出る確率は$\dfrac{3}{6}$

だから, Xの値と対応する確率を, 次のように求めてもよい。

$X=2$となる確率　$\dfrac{1}{6}\times\dfrac{1}{6}=\dfrac{1}{36}$

$X=3$　〃　$\dfrac{1}{6}\times\dfrac{2}{6}+\dfrac{2}{6}\times\dfrac{1}{6}=\dfrac{4}{36}$

$X=4$　〃　$\dfrac{1}{6}\times\dfrac{3}{6}+\dfrac{2}{6}\times\dfrac{2}{6}$

$+\dfrac{3}{6}\times\dfrac{1}{6}=\dfrac{10}{36}$

$X=5$　〃　$\dfrac{2}{6}\times\dfrac{3}{6}+\dfrac{3}{6}\times\dfrac{2}{6}=\dfrac{12}{36}$

$X=6$　〃　$\dfrac{3}{6}\times\dfrac{3}{6}=\dfrac{9}{36}$

(3)　もらえる金額をY(円)とすると, (2)よりYと確率は, 次の表のようになる。(表はかかなくてもよい。)

Y	60	30	10	計
P	$\frac{5}{36}$	$\frac{10}{36}$	$\frac{21}{36}$	1

よって, もらえる金額の期待値をEとすると

$$E=60\times\frac{5}{36}+30\times\frac{10}{36}+10\times\frac{21}{36}$$

$$=\frac{810}{36}=\boldsymbol{\frac{45}{2}}\ (円)$$

●マスター問題

取り出す赤玉の個数をXとし, $X=k$ ($k=0$, 1, 2, 3, 4, 5)である確率をp_kとする。

$$p_0=\frac{3}{8},\quad p_1=\frac{5}{8}\times\frac{3}{7}=\frac{15}{56}$$

$$p_2=\frac{5}{8}\times\frac{4}{7}\times\frac{3}{6}=\frac{10}{56}$$

$$p_3=\frac{5}{8}\times\frac{4}{7}\times\frac{3}{6}\times\frac{3}{5}=\frac{6}{56}$$

$$p_4=\frac{5}{8}\times\frac{4}{7}\times\frac{3}{6}\times\frac{2}{5}\times\frac{3}{4}=\frac{3}{56}$$

$$p_5=\frac{5}{8}\times\frac{4}{7}\times\frac{3}{6}\times\frac{2}{5}\times\frac{1}{4}\times\frac{3}{3}=\frac{1}{56}$$

これより，賞金と確率の表は，次のようになる。(表はかかなくてもよい。)

賞金	0	200	400	600	800	1000	計
P	$\frac{21}{56}$	$\frac{15}{56}$	$\frac{10}{56}$	$\frac{6}{56}$	$\frac{3}{56}$	$\frac{1}{56}$	1

よって，もらえる賞金の期待値を E とすると

$$E=0\times\frac{21}{56}+200\times\frac{15}{56}+400\times\frac{10}{56}$$

$$+600\times\frac{6}{56}+800\times\frac{3}{56}+1000\times\frac{1}{56}$$

$$=\frac{1}{56}(3000+4000+3600+2400+1000)$$

$$=\frac{1}{56}\times 14000=\mathbf{250}\ (円)$$

●チャレンジ問題

4 回取り出す総数は 4^4 (通り)

(1) p_3 は 3 種類の色が記録される場合だから，同じ色が 2 回取り出されている。

2 回取り出される色の選び方は ${}_4C_1$ (通り)

残りの 2 色の選び方は ${}_3C_2$ (通り)

記録された色の並び方は $\frac{4!}{2!}=12$ (通り)

よって，$p_3=\frac{{}_4C_1\times{}_3C_2\times 12}{4^4}=\mathbf{\frac{9}{16}}$

p_4 は各色が 1 回ずつ取り出される場合だから

$$p_4=\frac{4!}{4^4}=\mathbf{\frac{3}{32}}$$

(2) p_1 は同じ色が 4 回連続する場合だから 4 通りで

$$p_1=\frac{4}{4^4}=\frac{1}{64}$$

$p_1+p_2+p_3+p_4=1$ より

$p_2=1-(p_1+p_3+p_4)$

$$p_2=1-\left(\frac{1}{64}+\frac{9}{16}+\frac{3}{32}\right)=\frac{21}{64}$$

よって，期待値は

$$E=1\times\frac{1}{64}+2\times\frac{21}{64}+3\times\frac{9}{16}+4\times\frac{3}{32}$$

$$=\frac{1}{64}(1+42+108+24)=\mathbf{\frac{175}{64}}$$

34 方べきの定理

●マスター問題

(1) 方べきの定理より

$PA\cdot PB=PC\cdot PD$

$12\cdot 21=x\cdot(x+4)$

$x^2+4x-252=0$

$(x+18)(x-14)=0$

$x>0$ だから $\boldsymbol{x=14}$

(2) 方べきの定理より

$PA\cdot PB=PC\cdot PD$

$8\cdot 2=(8-x)\cdot x$

$x^2-8x+16=0$

$(x-4)^2=0$ よって，$\boldsymbol{x=4}$

(3) 方べきの定理より

$PA\cdot PB=PT^2$

$5\cdot 9=x^2$，$x^2=45$

$x>0$ より $\boldsymbol{x=\sqrt{45}=3\sqrt{5}}$

35 円周角，円と接線，内接する四角形

●マスター問題

(1) $\triangle PAB$ は $PA=PB$ の二等辺三角形だから

$\angle PAB=\frac{1}{2}(180°-50°)=65°$

$\angle PAB=\angle ACB$ ←接弦定理

よって，$\boldsymbol{x=65°}$

$\angle AOB=2\angle ACB$ ←中心角と円周角の関係

よって，$\boldsymbol{y}=2\times 65°=\mathbf{130°}$

(2) 円周角と中心角の定理より

$\angle BOC=2\angle BEC=2\times 30°=60°$

$\angle COD=2\angle CAD=2x$

$\angle DOE=2\angle DBE=2\times 25°=50°$

$\angle BOC+\angle COD+\angle DOE=180°$ だから

$60°+2x+50°=180°$ よって，$\boldsymbol{x=35°}$

(3) $\triangle AED$ において

$x+y+45°=180°$ ゆえに $x+y=135°$ ……①

$\angle DCF=\angle BAD=y$ ←円の内対角の関係

$\angle ADC=\angle DCF+\angle DFC$ ($\triangle FDC$ の外角)

$x=y+35°$ ゆえに $x-y=35°$ ……②

①，②を解いて

$\boldsymbol{x=85°}$，$\boldsymbol{y=50°}$

36 円に関する問題

●マスター問題

(1)

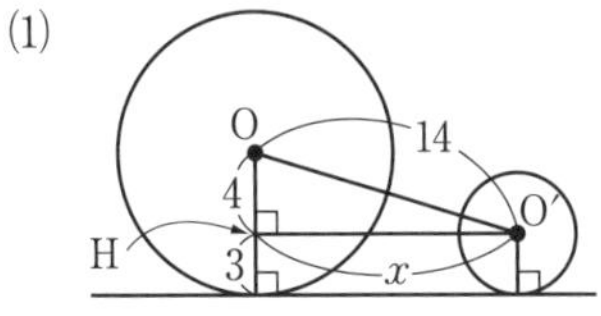

上図のように垂線 O′H を引くと

$OO'^2=OH^2+O'H^2$

$OH=7-3=4$，$O'H=x$ だから

$14^2=4^2+x^2$

$x^2=196-16=180$

$x>0$ より $x=\sqrt{180}=\mathbf{6\sqrt{5}}$

(2)

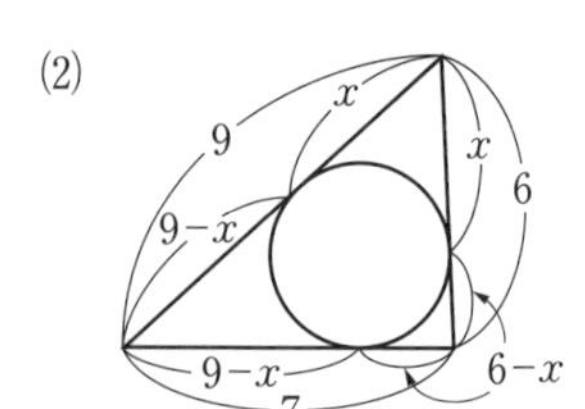

接線の長さは等しいから，各辺を x で表すと図のようになる。

$(9-x)+(6-x)=7$

$2x=8$　よって　$x=4$

(3)　外接するとき

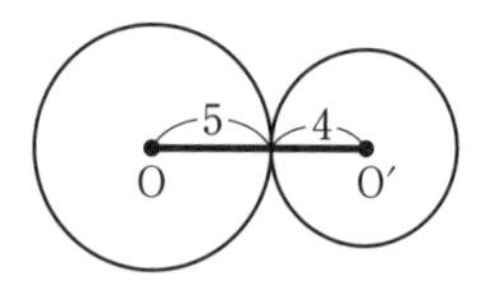

$OO'=5+4=9$

内接するとき

$OO'=5-4=1$

よって，$\boldsymbol{1<x<9}$

37　チェバ・メネラウスの定理

●マスター問題

(1)

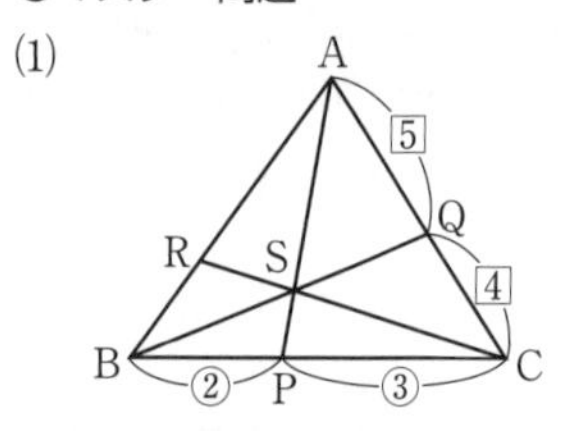

チェバの定理より

$$\frac{AR}{RB}\cdot\frac{BP}{PC}\cdot\frac{CQ}{QA}=1$$

$\dfrac{AR}{RB}\cdot\dfrac{2}{3}\cdot\dfrac{4}{5}=1$　ゆえに　$8AR=15RB$

よって，R が辺 AB を [15]：[8] に内分するとき，AP，BQ，CR は1点で交わる。

(2)

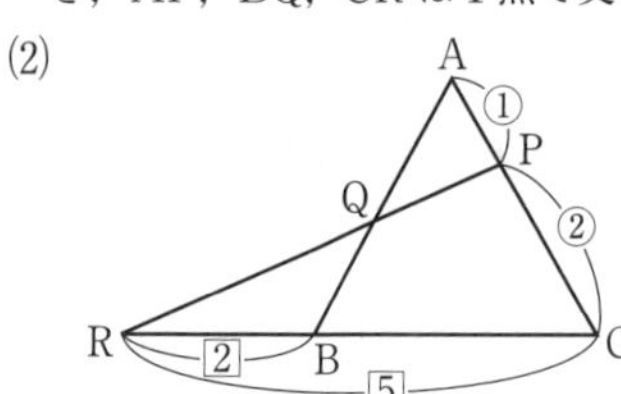

△ABC を基準として

メネラウスの定理より

$$\frac{AP}{PC}\cdot\frac{CR}{RB}\cdot\frac{BQ}{QA}=1$$

$\dfrac{1}{2}\cdot\dfrac{5}{2}\cdot\dfrac{BQ}{QA}=1$　ゆえに　$5BQ=4QA$

よって，BQ：QA＝[4]：[5]

38　最大公約数・最小公倍数

●確認問題

$40=2^3\times5$，$56=2^3\times7$

$560=2^4\times5\times7$

これより，n は次の4つが考えられる。

$n=2^4$，$2^4\times5$，$2^4\times7$，$2^4\times5\times7$

よって，$\boldsymbol{n=16}$，**80**，**112**，**560**

●マスター問題

2つの自然数を A，B $(A<B)$ とすると

$A=84a$，$B=84b$（a，bは互いに素）

と表すことができる。

$A+B=84a+84b=756$

$84(a+b)=756$　より　$a+b=9$

互いに素な a，b の組合せは

$(a,\ b)=(1,\ 8)$，$(2,\ 7)$，$(4,\ 5)$

A，B が3桁の自然数になるのは

$(a,\ b)=(2,\ 7)$ のとき $A=168$，$B=588$

$(a,\ b)=(4,\ 5)$ のとき $A=336$，$B=420$

よって，**(168，588)**，**(336，420)**

●チャレンジ問題

(2)より $b=24b'$，$c=24c'$（b'，c' は互いに素）

最小公倍数は $24b'c'$ と表せる。

$24b'c'=144$ より $b'c'=6$

よって，$(b',\ c')=(1,\ 6)$，$(2,\ 3)$

(i)　$(b',\ c')=(1,\ 6)$ のとき

$b=24$，$c=144$

(1)より　$a=6\times a'$，$b=6\times2^2$

(3)より a，b の最小公倍数が

$240=6\times2^3\times5$ だから

$a'=2^3\times5=40$ である。

これは $a=240$ となり $0<a<b<c$ を満たさない。

(ii)　$(b',\ c')=(2,\ 3)$ のとき

$b=48$，$c=72$

(1)より $a=6\times a'$，$b=6\times2^3$

(3)より a，b の最小公倍数が

$240=6\times2^3\times5$ だから

$a'=5$ である。

このとき，$a=30$，$b=48$，$c=72$ となり

$0<a<b<c$ を満たす。

したがって，$\boldsymbol{a=30}$，$\boldsymbol{b=48}$，$\boldsymbol{c=72}$

39　不定方程式と互除法

●確認問題

(1)　$72=55\times1+17\longrightarrow17=72-55\times1$　……①

$55 = 17 \times 3 + 4 \longrightarrow 4 = 55 - 17 \times 3$ ……②

$17 = 4 \times 4 + 1$

$1 = 17 - 4 \times 4$

$= 17 - (55 - 17 \times 3) \times 4$ ←②を代入

$= 17 \times 13 - 55 \times 4$

$= (72 - 55 \times 1) \times 13 - 55 \times 4$ ←①を代入

$= 72 \times 13 - 55 \times 17$

よって，$55 \times (-17) + 72 \times 13 = 1$ ……③

ゆえに，整数解の1つは $\boldsymbol{x = -17,\ y = 13}$

(2) $55x + 72y = 4$ ……④

③を4倍して

$55 \times (-68) + 72 \times 52 = 4$ ……⑤

④－⑤より

$55(x + 68) + 72(y - 52) = 0$

$55(x + 68) = 72(-y + 52)$

55と72は互いに素であるから

$x + 68 = 72k,\ -y + 52 = 55k$ （k は整数）

と表せる。

よって，

$\boldsymbol{x = 72k - 68,\ y = -55k + 52}$ **（k は整数）**

●マスター問題

$37x + 15y = 1$ ……①

$37 = 15 \times 2 + 7 \longrightarrow 7 = 37 - 15 \times 2$ ……②

$15 = 7 \times 2 + 1$

$1 = 15 - 7 \times 2$

$= 15 - (37 - 15 \times 2) \times 2$ ←②を代入

$= 15 \times 5 - 37 \times 2$

よって，$37 \times (-2) + 15 \times 5 = 1$ ……③

①－③より

$37(x + 2) + 15(y - 5) = 0$

$37(x + 2) = 15(-y + 5)$

37と15は互いに素であるから

$x + 2 = 15k,\ -y + 5 = 37k$ （k は整数）

と表せる。ゆえに，

$x = 15k - 2,\ y = -37k + 5$ （k は整数）

余りは0以上であるから x を15で割った余りは $\boxed{13}$，y を37で割った余りは $\boxed{5}$ である。

●チャレンジ問題

自然数 n は x，y を0以上の整数として

$n = 46x + 7 = 97y + 11$

すなわち

$46x - 97y = 4$ ……①

$97 = 46 \times 2 + 5 \longrightarrow 5 = 97 - 46 \times 2$ ……②

$46 = 5 \times 9 + 1$

$1 = 46 - 5 \times 9$

$= 46 - (97 - 46 \times 2) \times 9$ ←②を代入

$= 46 \times 19 - 97 \times 9$

よって，$46 \times 19 - 97 \times 9 = 1$

両辺を4倍して

$46 \times 76 - 97 \times 36 = 4$ ……③

①－③より

$46(x - 76) - 97(y - 36) = 0$

$46(x - 76) = 97(y - 36)$

46と97は互いに素であるから

$x - 76 = 97k,\ y - 36 = 46k$ （k は整数）

と表せる。

$x = 97k + 76$ を $n = 46x + 7$ に代入して

$n = 46(97k + 76) + 7$

$= 4462k + 3503$

4桁で最大なものは $k = 1$ のとき $n = \mathbf{7965}$

（$k = 2$ のとき，$n = 12427$ で5桁になる。）

40 不定方程式

●確認問題

(1) $xy + 2x - 5y - 21 = 0$

$x(y + 2) - 5(y + 2) + 10 - 21 = 0$

$(x - 5)(y + 2) = 11$

x，y は整数だから

$(x - 5,\ y + 2) = (1,\ 11),\ (11,\ 1)$
$(-1,\ -11),\ (-11,\ -1)$

よって，$\boldsymbol{(x,\ y) = (6,\ 9),\ (16,\ -1)}$
$\boldsymbol{(4,\ -13),\ (-6,\ -3)}$

(2) $\dfrac{1}{x} + \dfrac{1}{y} = \dfrac{2}{3}$ の両辺に $3xy$ を掛けて

$3y + 3x = 2xy$

$4xy - 6x - 6y = 0$

$(2x - 3)(2y - 3) - 9 = 0$

$(2x - 3)(2y - 3) = 9$

x，y は自然数だから

$2x - 3 \geqq -1,\ 2y - 3 \geqq -1$

$(2x - 3,\ 2y - 3) = (1,\ 9),\ (3,\ 3)$
$(9,\ 1)$

よって，$\boldsymbol{(x,\ y) = (2,\ 6),\ (3,\ 3),\ (6,\ 2)}$

別解

$2xy - 3x - 3y = 0$

$xy - \dfrac{3}{2}x - \dfrac{3}{2}y = 0$

$\left(x - \dfrac{3}{2}\right)\left(y - \dfrac{3}{2}\right) - \dfrac{9}{4} = 0$

両辺を4倍して

$(2x - 3)(2y - 3) = 9$

としてもよい。

●マスター問題

$\sqrt{n^2 + 27} = k$ （k は n より大きい自然数）

とおく。両辺を2乗して

$n^2 + 27 = k^2,\ k^2 - n^2 = 27$

$(k + n)(k - n) = 27$

$0 < k - n < k + n$ だから

$(k+n,\ k-n)=(27,\ 1),\ (9,\ 3)$

$\begin{cases} k+n=27 \\ k-n=1 \end{cases}$ より　$k=14,\ n=13$

$\begin{cases} k+n=9 \\ k-n=3 \end{cases}$ より　$k=6,\ n=3$

よって，$\boldsymbol{n=3,\ 13}$

●チャレンジ問題

(1)　$4x^2+10x-y^2-y+6$

$=4x^2+10x-(y+3)(y-2)$

$$\begin{array}{ccrcr} 2 & \diagup & -(y-2) & \cdots\cdots & -2y+4 \\ 2 & \diagdown & y+3 & \cdots\cdots & 2y+6 \\ \hline & & & & 10 \end{array}$$

$=\boldsymbol{(2x-y+2)(2x+y+3)}$

(2)　$4x^2+10x-y^2-y=0$

両辺に 6 を加えて

$4x^2+10x-y^2-y+6=6$

(1)より

$(2x-y+2)(2x+y+3)=6$

$2x-y+2,\ 2x+y+3$ は整数だから

$2x-y+2$	1	2	3	6	-1	-2	-3	-6
$2x+y+3$	6	3	2	1	-6	-3	-2	-1

上と下を加えると

$4x+5=7,\ 5,\ 5,\ 7,\ -7,\ -5,\ -5,\ -7$

x は整数だから

$x=0,\ -3$

$x=0$ のとき，$y=0,\ -1$

$x=-3$ のとき，$y=2,\ -3$

よって，$\boldsymbol{(x,\ y)=(0,\ 0),\ (0,\ -1),}$

$\boldsymbol{(-3,\ 2),\ (-3,\ -3)}$

41　p 進法

●マスター問題

(1)　$631_{(8)}=6\times8^2+3\times8+1$

$=384+24+1=\boldsymbol{409_{(10)}}$

$111.101_{(2)}=1\times2^2+1\times2+1+\dfrac{1}{2}+\dfrac{1}{2^3}$

$=4+2+1+0.5+0.125$

$=\boldsymbol{7.625_{(10)}}$

(2)　$5\times8^{10}=5\times(2^3)^{10}=5\times2^{30}$

$=(2^2+1)\times2^{30}=2^{32}+2^{30}$

よって，**33** 桁の数

(3)　$abc_{(8)}=a\times8^2+b\times8+c$

$=64a+8b+c$

$cba_{(7)}=c\times7^2+b\times7+a$

$=49c+7b+a$

と表せるから

$64a+8b+c=49c+7b+a$　……①

ただし，$1\leqq a\leqq6,\ 0\leqq b\leqq6,\ 1\leqq c\leqq6$

を満たす整数。

①より　$63a+b=48c$

$a=1,\ 2,\ 3,\ 4,\ 5,\ 6$ を代入して調べると

これを満たす $a,\ b,\ c$ は

$a=3,\ b=3,\ c=4$

よって，$64\times3+8\times3+4=\boldsymbol{220_{(10)}}$

●チャレンジ問題

(1)　この自然数を N とすると

$10^2\leqq N<10^3$ かつ $5^2\leqq N<5^3$

と表せる。

$100\leqq N<1000$ かつ $25\leqq N<125$　より

$100\leqq N<125$

よって，$124-99=$ **25**（個）

(2)　この自然数を N とすると

$10^3\leqq N<10^4$ かつ $5^3\leqq N<5^4$

$1000\leqq N<10000$ かつ $125\leqq N<625$

よって，これを満たす N は存在しない。

42　倍数の証明

●マスター問題

$S=n+(n+1)^2+(n+2)^3$

n が奇数のときだから

$n=2k-1$（kは整数）と表すと

$S=(2k-1)+(2k-1+1)^2+(2k-1+2)^3$

$=2k-1+4k^2+8k^3+12k^2+6k+1$

$=8k^3+16k^2+8k$

$=8k(k+1)^2$

$k(k+1)$ は連続する 2 数の積だから，2 の倍数だから　$k(k+1)=2m$（mは整数）と表すと

$S=8\cdot2m(k+1)=16m(k+1)$ となるから

S は 16 の倍数である。

◇マスター問題

円に内接する四角形 ABCD において，$AB = 7$，$BC = 4$，$CD = 3$，$\angle ABC = 60°$ とする。

(1) 対角線 AC の長さは□である。

(2) 辺 DA の長さは□である。

(3) △ACD の面積は□である。

(4) 円の半径は□である。

〈東京工芸大〉

◇チャレンジ問題

辺の長さが $AB = 4$，$BC = 3\sqrt{2}$，$CD = 2$，$DA = \sqrt{2}$ の四角形 ABCD は，円 I に内接している。このとき，$\angle ABC =$ □，線分 AC の長さは□，円 I の半径は□，四角形 ABCD の面積は□である。

〈同志社大〉

21 箱ひげ図

❖ 箱ひげ図の分析 ❖

右の箱ひげ図は，1 年生男女それぞれ 30 人の勉強時間（1 日当たりの平均）を表したものである。
男女合わせて 4 時間以上勉強している生徒は何人以上，何人以下か。

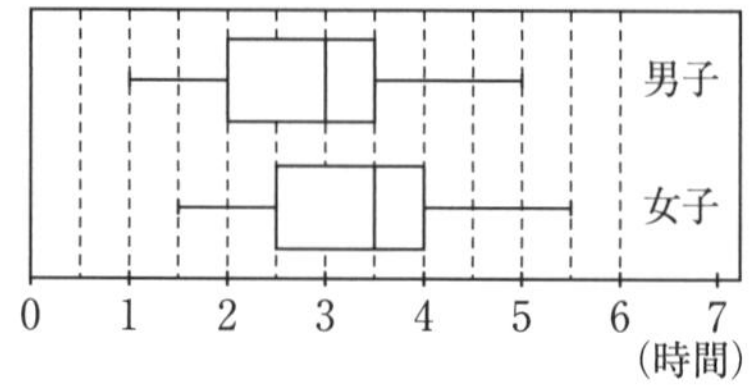

解 **男子は $Q_3 = 3.5$ だから最も少なくて最大値の 1 人，最も多くて 7 人。**
女子は $Q_3 = 4$ だから最も少なくて 8 人，また，$Q_2 = 3.5$，$Q_1 = 2.5$ だから最も多くて 15 人まで考えられる。
よって，少なくても $1 + 8 = 9$（人）
多くても $7 + 15 = 22$（人）
より，9 人以上，22 人以下

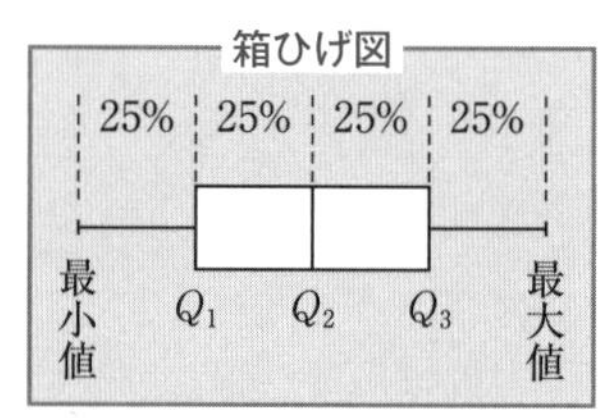

（Q_2は小さい方から15番目と大きい方から15番目の平均）

❖確認問題

右の箱ひげ図は，3 年生男女それぞれ 50 名の勉強時間（1 日当たりの平均）を表したものである。次の問いに理由をつけて答えよ。

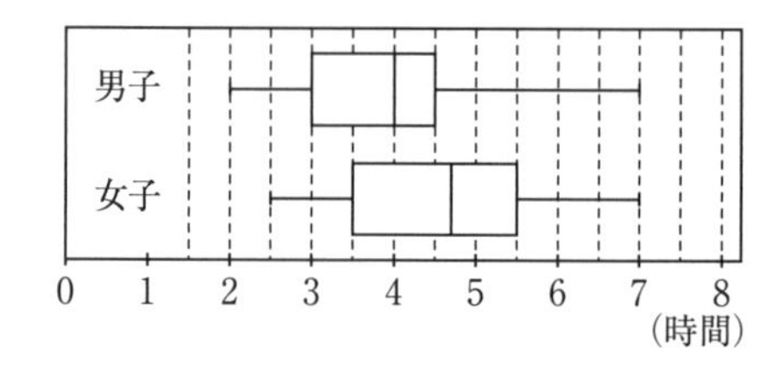

(1) 5 時間以上勉強している生徒は，男女合わせて少なくとも何人以上か。

(2) 勉強時間が 3 時間以下の生徒は，女子より男子が多いといえるか。

◇マスター問題

右の図は，50 人の生徒が受けたテストの得点を箱ひげ図にまとめたものである。この箱ひげ図について述べた次の A，B，C の三つの文がある。正しいことを述べている文の組み合わせとして最も適切なものを下の⓪～⑥のうちから一つ選べ。

A：70 点以上の生徒は 13 人以上いる。

B：平均点は 50 点台である。

C：30 点台の生徒は，少なくとも 1 人はいる。

⓪　A のみである　　①　B のみである　　②　C のみである

③　A と B のみである　　④　A と C のみである　　⑤　B と C のみである

⑥　A，B，C のすべてである

〈同志社女子大〉

◇チャレンジ問題

図 1 は平成 27 年と平成 29 年の 47 都道府県ごとの人口 10 万人あたりの交通事故死者数の散布図である。また図 2 の 5 つの箱ひげ図には，平成 27 年および平成 29 年の 47 都道府県ごとの人口 10 万人あたりの交通事故死者数に対する箱ひげ図が含まれている。

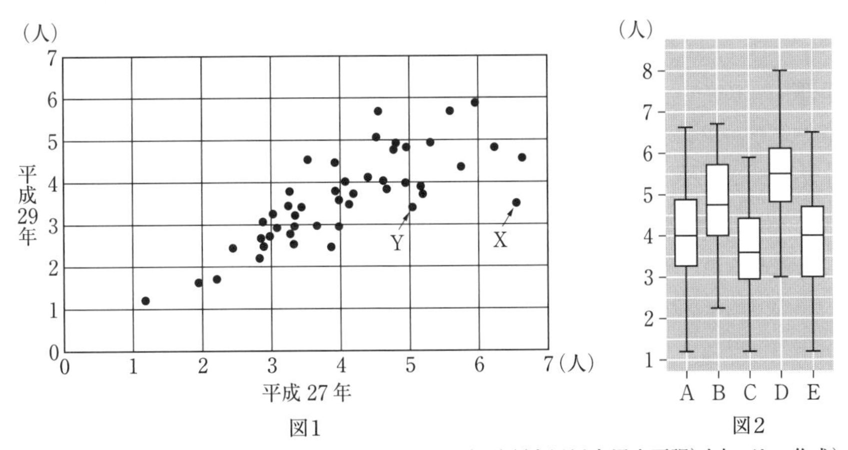

図1　　図2

（出典：「道路の交通に関する統計」（交通局交通企画課）を加工して作成）

図 1 と図 2 から読み取れる，都道府県ごとの 1 年間の人口 10 万人あたりの交通事故死者数についての記述について，正しいものは□，□，□である。

a. 人口 10 万人あたりの交通事故死者数の最大値は，平成 27 年の方が平成 29 年より大きい。

b. 散布図の点 Y の平成 27 年の値は，その年の人口 10 万人あたりの交通事故死者数の中央値である。

c. 平成 27 年の箱ひげ図は A である。　　d. 平成 29 年の箱ひげ図は E である。

e. 図 1 の点 X がある場合とない場合では，ない場合の方が相関係数の値が大きくなる。

f. 平成 27 年と平成 29 年の人口 10 万人あたりの交通事故死者数には負の相関がある。

〈東海大〉

22 平均値と分散・標準偏差

❖ 平均値，分散の求め方 ❖

右の変量 x のデータについて，次の問いに答えよ。

x	4	3	7	11	5

(1) 変量 x の平均値 $\overline{x}$，標準偏差 s を求めよ。

(2) x のデータに誤りがあり，正しい値は 3 が 4，11 が 10 である。このとき，x の平均値と標準偏差はどう変わるか，理由をつけて説明せよ。

解 (1) $\overline{x}=\frac{1}{5}(4+3+7+11+5)=\frac{30}{5}=6$ ―――(答)

$s^2=\frac{1}{5}\{(4-6)^2+(3-6)^2+(7-6)^2+(11-6)^2+(5-6)^2\}$

$=\frac{1}{5}(4+9+1+25+1)=\frac{40}{5}=8$

よって，標準偏差は $s=\sqrt{8}=2\sqrt{2}$ (≒ 2.8) ―――(答)

別解 $s^2=\frac{1}{5}(4^2+3^2+7^2+11^2+5^2)-6^2$

$=\frac{220}{5}-36=8$

(2) 3→4 で 1 増え，11→10 で 1 減るから平均値は同じである。

偏差の 2 乗は　もとのデータでは $(3-6)^2+(11-6)^2=34$

正しいデータでは $(4-6)^2+(10-6)^2=20$　よって標準偏差は小さくなる。

平均値 $\overline{x}$

$\overline{x}=\frac{1}{n}(x_1+x_2+\cdots+x_n)$

分散 s^2 と標準偏差 s

$s^2=\frac{1}{n}\{(x_1-\overline{x})^2+(x_2-\overline{x})^2+\cdots+(x_n-\overline{x})^2\}$

$s^2=\frac{1}{n}(x_1{}^2+x_2{}^2+\cdots+x_n{}^2)-(\overline{x})^2$

標準偏差 $=\sqrt{\text{分散}}=s$

❖確認問題

右の変量 x のデータについて，次の問いに答えよ。

x	4	11	8	5	4	10

(1) 変量 x の平均値 $\overline{x}$，標準偏差 s を求めよ。

(2) x のデータに誤りがあり，正しい値は 5 が 4，11 が 12 である。このとき，x の平均値と標準偏差はどう変わるか，理由をつけて説明せよ。

◇マスター問題

8名の生徒が10点満点の小テストを受けた結果，平均値は7点，分散は4であった。さらに2名がこの小テストを受け，点数が4点と0点であったとき，このテストを受けた10名の平均値は□点，分散は□点になる。　〈摂南大〉

◇チャレンジ問題

生徒10人に対して，10点満点の数学のテストを2回行った。1回目のテストの成績は平均点5(点)，標準偏差2(点)であった。2回目のテストでは，成績が1回目の3点から5点になった生徒が3人，5点から8点になった生徒が2人，逆に，7点から6点になった生徒が2人いた。

他の3人の成績は，1回目と変わらなかった。このとき，1回目のテストの成績の分散は□であり，2回目のテストの成績は平均点□(点)，標準偏差□(点)である。　〈立命館大〉

23 相関係数と散布図

❖ 相関係数の求め方 ❖

右のような2つの変量 x, y がある。この変量 x と y にはどのような相関があるか。相関係数 r を計算して答えよ。ただし，$\overline{x}=6$, $\overline{y}=7$ である。

x	3	7	6	5	9
y	2	10	8	4	11

解 x の平均値を $\overline{x}$，分散を $s_x{}^2$，y の平均値を $\overline{y}$，分散を $s_y{}^2$ とすると

$$\overline{x}=\frac{1}{5}(3+7+6+5+9)=6,\quad \overline{y}=\frac{1}{5}(2+10+8+4+11)$$

$$s_x{}^2=\frac{1}{5}\{(3-6)^2+(7-6)^2+(6-6)^2+(5-6)^2+(9-6)^2\}=\frac{20}{5}=4$$

$$s_y{}^2=\frac{1}{5}\{(2-7)^2+(10-7)^2+(8-7)^2+(4-7)^2+(11-7)^2\}=\frac{60}{5}=12$$

x と y の共分散を s_{xy} とすると

$$s_{xy}=\frac{1}{5}\{(3-6)(2-7)+(7-6)(10-7)+(6-6)(8-7)+(5-6)(4-7)+(9-6)(11-7)\}$$

$$=\frac{33}{5}=6.6$$

共分散 $s_{xy}=\frac{1}{n}\{(x_1-\overline{x})(y_1-\overline{y})+(x_2-\overline{x})(y_2-\overline{y})+\cdots+(x_n-\overline{x})(y_n-\overline{y})\}$

よって，$r=\dfrac{6.6}{\sqrt{4}\sqrt{12}}=\dfrac{3.3}{2\sqrt{3}}\fallingdotseq 0.95$

相関係数 $r=\dfrac{s_{xy}}{s_x s_y}$

◆マスター問題

A, B, C, D, Eの5人について2つの変量 x, y を測定した結果を右の表に示す。このとき，x, y の共分散は□であり，相関係数は□である。 〈南山大〉

	A	B	C	D	E
x	3	4	5	6	7
y	8	6	10	14	12

◆チャレンジ問題

次の表は，あるクラスの生徒 10 人に対して行われた，理科と社会のテスト（各 10 点満点）の得点をまとめたものである。

生徒番号	①	②	③	④	⑤	⑥	⑦	⑧	⑨	⑩	平均	分散	共分散
理科	1	3	4	9	7	6	7	(ア)	5	8	5	(イ)	-2.7
社会	10	7	6	(ウ)	4	5	2	5	(エ)	7	6	5	

(1) 次の図 (A) から (E) のうち，このデータの散布図として適切なものは［　］である。

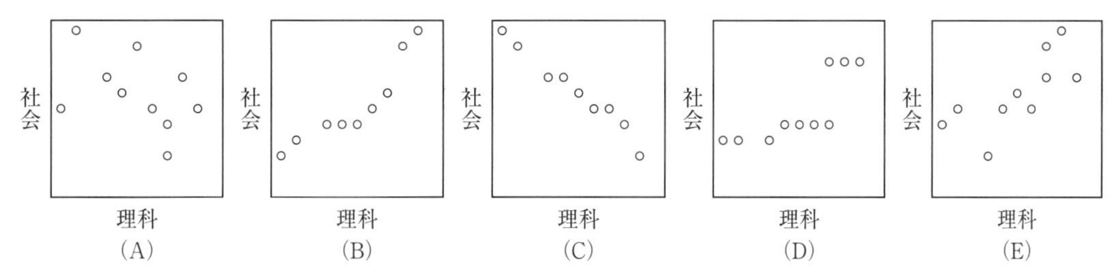

(2) 生徒⑧の理科の得点は［（ア）］であり，理科の得点の分散は［（イ）］である。

(3) 生徒④の社会の得点は［（ウ）］であり，生徒⑨の社会の得点は［（エ）］である。

(4) 理科と社会の得点の相関係数は［（オ）］である。　〈慶應大〉

24 いろいろな順列

❖ 両端にくる／隣り合う／順序が決まっている　順列 ❖

A，B，C，D，E，F の 6 文字を使って，次のように 1 列に並べる場合の順列の総数を求めよ。

(1) A，B が両端にくるように並べる。　(2) A，B が隣り合うように並べる。

(3) A，B，C がこの順になるように並べる。〈名古屋学院大〉

解 (1) **両端に A，B がくるのは $_2P_2$ 通り。**

　始めに A，B を両端に並べてしまう

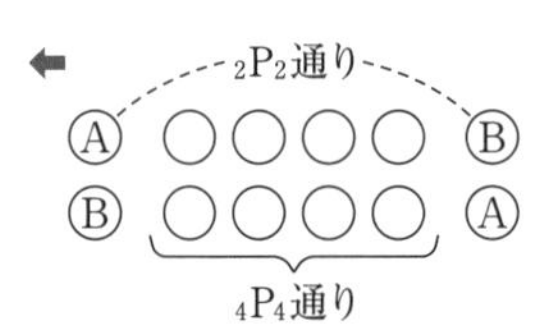

残りの 4 文字の並べ方は $_4P_4$ 通り。

よって，$_2P_2 \times {_4P_4} = 2 \times 24 = 48$ (通り) ――(答)

(2) **A，B をまとめて 1 文字とみて，5 文字で考える。**

　隣り合うものは 1 つにまとめるのが考え方

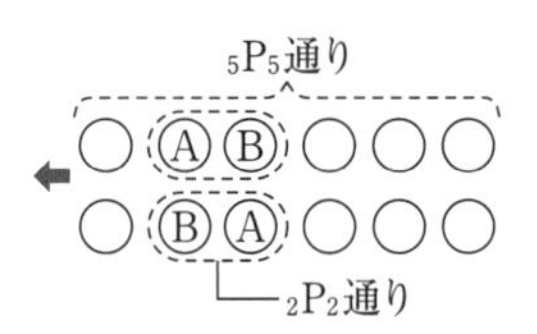

5 文字の並べ方は $_5P_5$ 通り。

A，B の入れ換えは $_2P_2$ 通り。

よって，$_5P_5 \times {_2P_2} = 120 \times 2 = 240$ (通り) ――(答)

(3) **A，B，C を同じ●として並べた後，●を左から順に A，B，C に置き換えればよい。**

よって，$\dfrac{6!}{3!} = \dfrac{6 \cdot 5 \cdot 4 \cdot 3 \cdot 2 \cdot 1}{3 \cdot 2 \cdot 1} = 120$ (通り) ――(答)

　同じものを含む順列 $\dfrac{n!}{p!q!r!}$ の公式

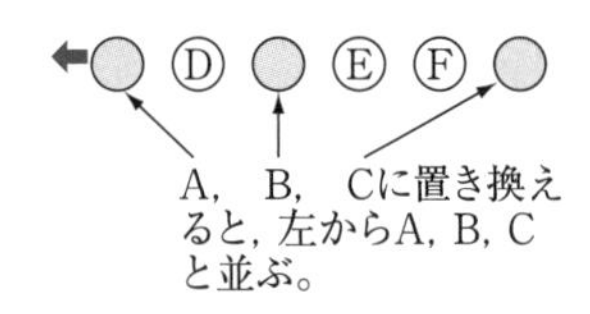

❖確認問題

(1) 11 人の社員から，仕入，営業，経理のそれぞれ 1 人を選ぶ方法は全部で□通りある。

(2) 赤玉 3 個，白玉 2 個，青玉 4 個を 1 列に並べるとき，並べ方は全部で□通りある。

(3) 0，1，2，3，4，5 の 6 つの数字から作られる 3 桁の整数は，同じ数字を繰り返し用いてよいとき，全部で□個である。〈神奈川大〉

◇マスター問題

女子5人，男子3人が次のように並ぶ方法はそれぞれ何通りあるか。

(1) 男子3人が続いて並ぶように，この8人が1列に並ぶ。

(2) 両端が女子になるように，この8人が1列に並ぶ。

(3) 男子A，B，Cの3人がこの順になるように8人が1列に並ぶ。 〈神奈川大〉

◆チャレンジ問題

1から6までの番号が1つずつかかれた6枚のカードを横一列に並べる。1がかかれたカードと2がかかれたカードの間に他のカードが1枚入る並べ方は何通りあるか。 〈津田塾大〉

25 整数を並べる

❖ 整数をつくる順列 ❖

6 個の数字 0, 1, 2, 3, 4, 5 の中から，異なる数字を使って 3 桁の整数をつくるとき，次の問いに答えよ。

(1) 全部で何個できるか。　(2) 偶数は何個できるか。〈上智大〉

(3) 5 の倍数は何個できるか。〈福岡大〉

解 (1) 百の位が 0 以外の数だから　5 通り。

十と一の位の数の並べ方は $_5P_2$ 通り。

よって，$5 \times {}_5P_2 = 5 \times 20 = 100$ (個) ———(答)

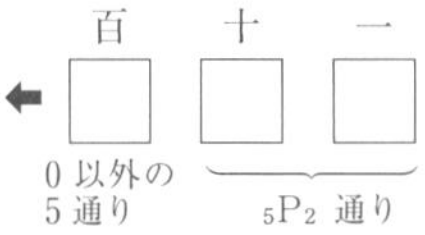

(百 十 一：百の位は 0 以外の 5 通り，十と一の位は $_5P_2$ 通り)

(2) 一の位が 0 のとき

$_5P_2 = 5 \cdot 4 = 20$ (通り)

(一の位が 0：百と十の位は $_5P_2$ 通り)

一の位が 2 または 4 のとき

$4 \times 4 \times 2 = 32$ (通り)

└ 2 と 4 のときの 2 通り

(一の位が 2 または 4：百の位は 0 と 2 以外の 4 通り，十の位は残り 4 通り)

よって，$20 + 32 = 52$ (個) ———(答)

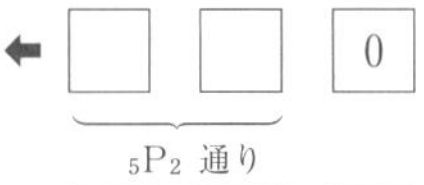

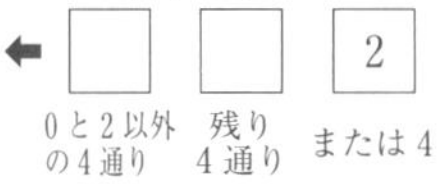

(3) 一の位が 0 または 5 のとき

0 のとき(2)より　20 通り。

5 のとき　$4 \times 4 = 16$ (通り)

よって，$20 + 16 = 36$ (個) ———(答)

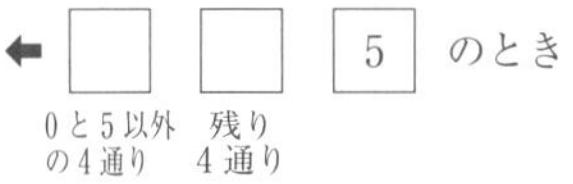

(一の位が 5 のとき：百の位は 0 と 5 以外の 4 通り，十の位は残り 4 通り)

❖確認問題

6 個の数字 2, 3, 4, 5, 6, 7 から異なる 3 個の数字を選んで，3 桁の整数をつくるとき，偶数となるものは全部で□個，3 の倍数となるものは全部で□個，6 の倍数となるものは全部で□個ある。〈京都産大〉

◇マスター問題

7 個の数字 1，2，3，4，5，6，7 から異なる 3 個の数を選び，3 桁の整数をつくる。このような整数は□個ある。その中で，偶数は□個あり，345 以上の整数は□個ある。小さい方から順番に並べたとき，67 番目の整数は□である。　〈関西学院大〉

◇チャレンジ問題

0 から 6 までの 7 個の数字の中から 3 個を用いて，3 桁の整数をつくる。

⑴　5 の倍数は全部で何個できるか。

⑵　各位の 3 つの数の積が 5 の倍数となるものは何個できるか。なお，0 は 5 の倍数である。

⑶　各位の 3 つの数の和が 5 の倍数となるものは何個できるか。　〈法政大〉

26 組合せ

❖ 組の区別がつかない組分け ❖

10 人の生徒を次のように分ける方法は何通りあるか。

(1) 7 人，3 人の 2 グループに分ける。

(2) 5 人，3 人，2 人の 3 グループに分ける。

(3) 4 人，3 人，3 人の 3 グループに分ける。

(4) 1 人を除き，残り 9 人を 3 人ずつの 3 つのグループに分ける。 〈広島県立大〉

解 (1) ${}_{10}\mathrm{C}_7 \times 1$ ← 10 人から 7 人選べば 3 人は自動的に決まる

$$= \frac{10\cdot9\cdot8}{3\cdot2\cdot1} = 120 \text{（通り）}$$ ———（答）

⬅ ${}_{10}\mathrm{C}_7 = {}_{10}\mathrm{C}_3$

(2) ${}_{10}\mathrm{C}_5 \times {}_5\mathrm{C}_3 \times 1$ ← 10 人から 5 人選び，次に，5 人から 3 人選ぶ

$$= \frac{10\cdot9\cdot8\cdot7\cdot6}{5\cdot4\cdot3\cdot2\cdot1} \times \frac{5\cdot4\cdot3}{3\cdot2\cdot1} \times 1 = 2520 \text{（通り）}$$ ———（答）

⬅ 5 人，3 人，2 人の組は人数が異なるので組の区別がつくから選ぶだけでよい。

(3) ${}_{10}\mathrm{C}_4 \times {}_6\mathrm{C}_3 \times 1 \div 2!$ ← 3 人と 3 人の組は区別がつかないから 2! で割る

（${}_{10}\mathrm{C}_4 \times {}_6\mathrm{C}_3$：10 人から 4 人，次に 6 人から 3 人選ぶ）

$$= \frac{10\cdot9\cdot8\cdot7}{4\cdot3\cdot2\cdot1} \times \frac{6\cdot5\cdot4}{3\cdot2\cdot1} \div 2 = 2100 \text{（通り）}$$ ———（答）

${}_n\mathrm{C}_r$

$${}_n\mathrm{C}_r = \frac{{}_n\mathrm{P}_r}{r!} = \frac{n!}{r!(n-r)!}$$

(4) ${}_{10}\mathrm{C}_1 \times {}_9\mathrm{C}_3 \times {}_6\mathrm{C}_3 \times 1 \div 3!$

（$3!$：3 人，3 人，3 人の 3 組は区別がつかないから 3! で割る）

（${}_9\mathrm{C}_3 \times {}_6\mathrm{C}_3 \times 1$：9 人から 3 人，次に 6 人から 3 人選ぶ）

（${}_{10}\mathrm{C}_1$：始めに除く 1 人を選ぶ）

$$= 10 \times \frac{9\cdot8\cdot7}{3\cdot2\cdot1} \times \frac{6\cdot5\cdot4}{3\cdot2\cdot1} \div 6 = 2800 \text{（通り）}$$ ———（答）

❖確認問題

1 から 10 までの番号を 1 つずつ書いた 10 枚のカードがある。この中から 3 枚選ぶとき，偶数のカードが 1 枚だけ入っている選び方は□通り，偶数のカードが少なくとも 1 枚入っている選び方は□通りある。 〈甲南大〉

◇マスター問題

10 人を 5 人，5 人の 2 組に分ける方法は全部で□通りある。

10 人を 2 人，2 人，3 人，3 人の 4 組に分ける方法は全部で□通りある。このとき，10 人の中のある特定の 1 人が 2 人の組に入る場合の総数は□通りある。 〈北里大〉

◇チャレンジ問題

1 から 30 までの整数の中から異なる 3 つを選ぶとき，次のような選び方が何通りあるか。

(1) 最大数が 18 以下で，最小の数が 7 以上

(2) 最大の数が 23

(3) 最大の数が 12 以上

(4) すべて素数

〈釧路公立大〉

27　並んでいるものの間に入れる順列

❖ 隣り合わないように並べる順列 ❖

(1)　a，b，c，W，X，Y，Z の 7 文字を全部使ってできる順列で a，b，c のどの 2 文字も隣り合わない場合は何通りか。〈中央大〉

(2)　白球 7 個と赤球 3 個を 1 列に並べるとき，赤球 3 個が隣り合わないような並べ方は何通りあるか。〈日本大〉

解 **(1)　W，X，Y，Z の並べ方は**

$_4P_4$ 通り

W，X，Y，Z の間または端に a，b，c を入れるのが

$_5P_3$ 通り

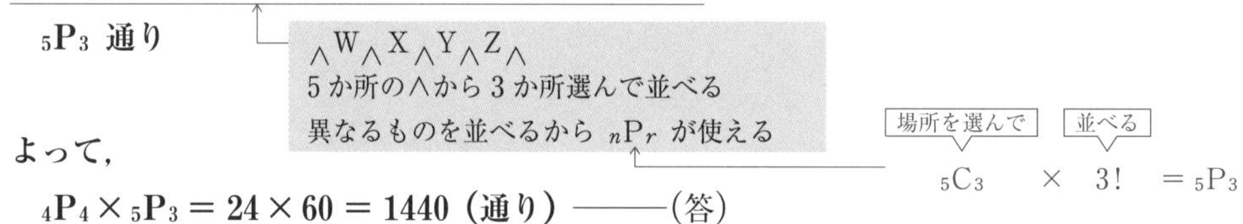

よって，

$_4P_4 \times {}_5P_3 = 24 \times 60 = 1440$（通り）―――(答)

場所を選んで　並べる
$_5C_3 \times 3! = {}_5P_3$

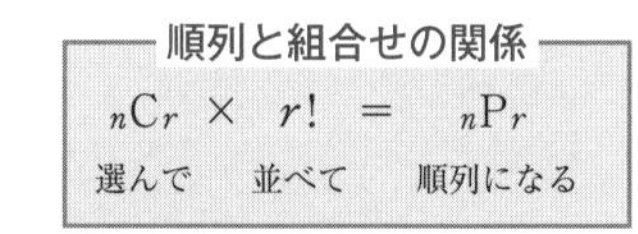

(2)　白球 7 個の並べ方は 1 通り。

赤球を入れる場所は，8 か所から 3 か所選べばよいから

$_8C_3 = \dfrac{8 \cdot 7 \cdot 6}{3 \cdot 2 \cdot 1} = 56$（通り）―――(答)

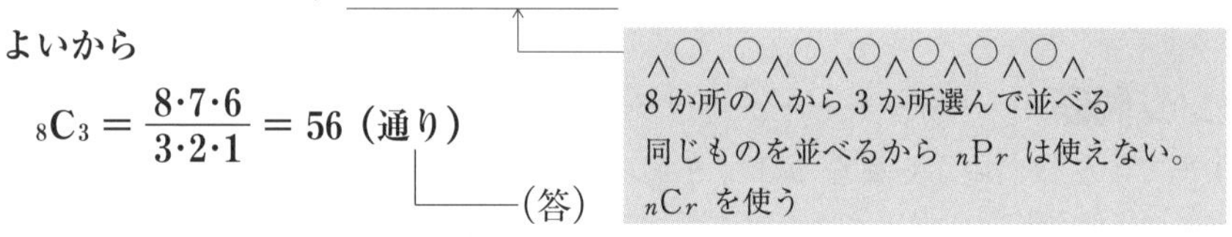

❖確認問題

(1)　男子 5 人，女子 3 人が 1 列に並ぶとき，女子 3 人が隣り合わないような並べ方は□通りである。

(2)　H，O，G，A，R，A，K，A という 8 つの文字すべてを左から一列に並べるとき，3 つの A がどれも隣り合わない並べ方は□通りである。〈駒澤大〉

◇マスター問題

A，B，C，Dとa，b，c，dを1列に並べるとき，次の問いに答えよ。

(1) 大文字と小文字が交互に並ぶように並べる方法は何通りか。

(2) Aとa，Bとb，Cとc，Dとdがすべて隣り合うように並べる方法は何通りか。〈法政大〉

◆チャレンジ問題

(1) 女子6人，男子3人が円形に並ぶとき，男子がどの2人も隣り合わないように並ぶのは何通りか。〈日本女子大〉

(2) 1，1，2，2，3，4，5，6の8個の整数を並べたとき，1と1，1と2，2と2のいずれも隣り合わない並べ方は□通りである。〈福井工大〉

28 確率の基本

❖確率と順列・組合せ❖

(1) それぞれA, B, C, D, E, Fの1文字が書いてあるカード6枚を横1列に並べるとき，AとBが両端にくる確率は□である。 〈名城大〉

(2) 黒玉6個と白玉4個が袋の中に入っている。この中から4個取り出す場合，4個とも黒玉である確率は□，また，取り出した4個が黒玉2個と白玉2個である確率は□である。 〈大阪産大〉

解 **(1) 並べ方の総数は $_6P_6$ 通り。** ← 全事象を求める

AとBが両端にくるのは

$2\times {}_4P_4$ (通り)

よって， $\dfrac{2\times {}_4P_4}{_6P_6}=\dfrac{2}{6\cdot 5}=\boxed{\dfrac{1}{15}}$ ―――(答)

(2) 取り出し方の総数は $_{10}C_4$ 通り。 ← 全事象を求める

黒玉4個を取り出すのは $_6C_4$ 通り。

よって， $\dfrac{_6C_4}{_{10}C_4}=\dfrac{15}{210}=\boxed{\dfrac{1}{14}}$ ―――(答)

黒玉2個と白玉2個を取り出すのは

$_6C_2\times {}_4C_2$ (通り)

よって， $\dfrac{_6C_2\times {}_4C_2}{_{10}C_4}=\dfrac{15\times 6}{210}=\boxed{\dfrac{3}{7}}$ ―――(答)

$_4P_4$通り

← A○○○○B

B○○○○A

← $\dfrac{2\times 4\cdot 3\cdot 2\cdot 1}{6\cdot 5\cdot 4\cdot 3\cdot 2\cdot 1}$

$_4P_4$ は約分できる

← 確率では，同じ色の玉でも，すべて異なったものとして場合の数を数え上げる。

確率

$\dfrac{\text{事象の起こる場合の数}}{\text{起こりうる場合の総数}}$

❖確認問題

1から7までの数がかかれた7枚の番号札がある。ここから3枚取り出して，左から1枚ずつ並べるとき，次の確率を求めよ。

(1) 中央に偶数がくる確率。

(2) 123, 234, …のように，小さい方から連続して並ぶ確率。

(3) 146, 235, …のように，左から順に大きくなる確率。

◆マスター問題

(1) a, b, c, d, e, f, g の 7 つの文字から 5 文字を使って文字列をつくる。

(i) a, b, c の 3 文字をすべて含む確率を求めよ。

(ii) defg という文字列を含む確率を求めよ。〈立命館大〉

(2) 1 から 9 までの番号をかいた札が 1 枚ずつ 9 枚ある。この中から 3 枚取り出す。

(i) 札の番号がすべて奇数である確率は□である。

(ii) 3 枚の札の番号の和が奇数となる確率は□である。〈福岡大〉

◆チャレンジ問題

6 個の異なる商品が 6 つの引き出しに 1 個ずつ入っている。一度すべての引き出しから商品を取り出し, 無作為に 1 個ずつ引き出しに戻したとき, もとの引き出しに戻る商品の個数が 3 となる確率は□である。ただし, 1 つの引き出しには 1 個の商品しか入らないものとする。

〈早稲田大〉

29 余事象の確率

❖ 少なくとも，以上，以下の確率 ❖

(1) 4個のさいころを同時に投げるとき，少なくとも2個のさいころの目が一致する確率は□である。 〈近畿大〉

(2) 1から10までの10枚の番号札の中から3枚選ぶとき，最小の番号が3以下になる確率は□である。 〈日本女子大〉

解 (1) さいころの目の出方は全部で 6^4 通り。

4個とも異なる目が出るのは ${}_6P_4$ 通り

異なる6個の数字から4個を選んで1列に並べる

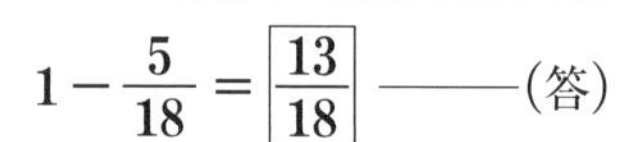

だから，その確率は

$$\frac{{}_6P_4}{6^4}=\frac{6\cdot5\cdot4\cdot3}{6^4}=\frac{5}{18}$$

よって，少なくとも2個同じ目が出る確率は

"4個とも異なる目"の余事象は"少なくとも2個が同じ目"

$$1-\frac{5}{18}=\boxed{\frac{13}{18}}$$ ——(答)

(2) 番号札の選び方は全部で ${}_{10}C_3$ 通り。

3枚とも4以上の札が選ばれるのは ${}_7C_3$ 通り

4～10の7枚から3枚選ぶ

だから，その確率は

$$\frac{{}_7C_3}{{}_{10}C_3}=\frac{35}{120}=\frac{7}{24}$$

よって，最小の番号が3以下になる確率は

"3枚とも4以上"の余事象は"少なくとも1枚は3以下"

$$1-\frac{7}{24}=\boxed{\frac{17}{24}}$$ ——(答)

❖確認問題

(1) 15個の電球の中に3個の不良品が入っている。この中から同時に3個の電球を取り出すとき，少なくとも1個の不良品が含まれる確率を求めよ。

(2) 1から10までの数字が1つずつ書かれた10枚のカードから，任意に3枚引くとき，1のカードと2のカードを同時に含まない確率は□である。

◇マスター問題

1から5までの数が1つ書かれているカードがそれぞれ4枚ずつ，合計20枚ある。この中から2枚のカードを抜き出す。

(1) 2枚のカードに書かれている数が同じである確率は□である。

(2) 2枚のカードに書かれている数の差が2以上である確率は□である。 〈法政大〉

◇チャレンジ問題

A，B，Cの3つの箱にa，b，cの3個のボールを入れる。

(1) 入れ方の総数は何通りあるか。

(2) 1つの箱に2つ以上ボールが入っている確率を求めよ。

(3) Aの箱が空でない事象の確率を求めよ。 〈福岡工大〉

30 続けて起こる場合の確率

❖ 続けてくじを引く確率 ❖

3 本の当たりくじを含む 12 本のくじがある。A，B，C の 3 人がこの順に 1 本ずつ引くとき，次の確率を求めよ。ただし，くじはもとに戻さない。

(1) A のみが当たる確率　　(2) B が当たる確率

(3) A，B，C 少なくとも 1 人が当たる確率　〈明星大〉

解 (1) **A が当たって，B，C がはずれる確率だから**

$$\frac{3}{12}\times\frac{9}{11}\times\frac{8}{10}=\frac{9}{55}\text{ ———(答)}$$

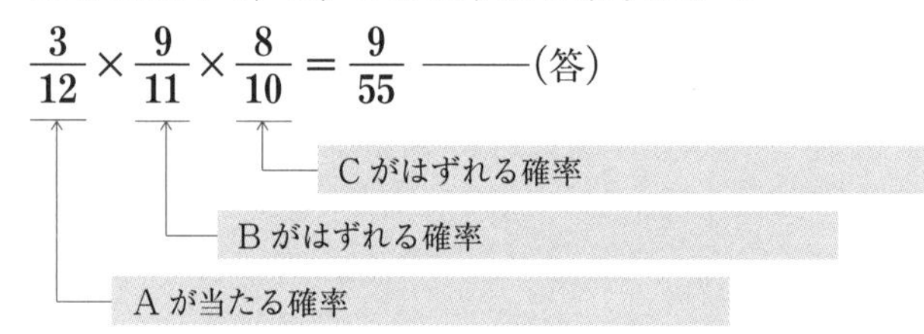

⬅ A，B，C それぞれが引くとき，当たりくじと，はずれくじの数を確認し，その確率を掛けていく。

(2) (i) **A が当たり，B が当たる場合**

$$\frac{3}{12}\times\frac{2}{11}=\frac{1}{22}$$

(ii) **A がはずれて，B が当たる場合**

$$\frac{9}{12}\times\frac{3}{11}=\frac{9}{44}$$

(i)，(ii)は互いに排反であるから $\frac{1}{22}+\frac{9}{44}=\frac{1}{4}$ ———(答)

⬅ C が当たるか，はずれるかは関係ない。

(3) **A，B，C 3 人がはずれる場合は**

$$\frac{9}{12}\times\frac{8}{11}\times\frac{7}{10}=\frac{21}{55}$$

“A，B，C 少なくとも 1 人が当たる” の余事象は “A，B，C 3 人がはずれる”

この余事象の確率であるから

$$1-\frac{21}{55}=\frac{34}{55}\text{ ———(答)}$$

❖ 確認問題

当たりくじを 5 本含む 20 本のくじの中から，引いたくじはもとに戻さないで，1 本ずつ 2 回続けてくじを引く。

(1) 1 本目が当たる確率は□である。　(2) 2 本目が当たる確率は□である。

(3) 1 本だけ当たる確率は□である。　〈関西学院大〉

◇マスター問題

袋には青玉5個，赤玉3個が入っている。この袋から1個ずつ取り出すとき，取り出した玉が赤玉なら終了し，取り出した玉が青玉ならもとに戻してから，さらに玉を1個取り出す。4回目に赤玉を取り出す確率は□である。また，3回以内で赤玉を取り出す確率は□である。

〈福岡工大〉

◇チャレンジ問題

赤玉2個と白玉4個が入っている袋から，玉を1個取り出す。この試行を3回くり返す。ただし，赤玉を取り出したときは袋に戻さず，白玉を取り出したときは袋に戻す。

(1) 1回目に白玉，2回目にも白玉を取り出す確率は□である。

(2) 2回目に赤玉を取り出す確率は□である。

(3) 3回目の試行を終えたとき，袋の中に白玉だけが入っている確率は□である。　〈日本大〉

31 反復試行の確率

❖ 反復試行の確率 ❖

さいころを5回投げるとき，1の目が2回出る確率を求めよ。また，1の目が2回，2の目が2回，3以上の目が1回出る確率を求めよ。〈東京歯大〉

解 1の目が出る確率は $\frac{1}{6}$，それ以外の目が出る確率は $\frac{5}{6}$

反復試行の確率
$_nC_r\,p^r q^{n-r}$

5回投げて，1の目が2回出るのは

同じ試行を5回くり返すから反復試行の確率

$$_5C_2\left(\frac{1}{6}\right)^2\left(\frac{5}{6}\right)^3 = 10\times\frac{5^3}{6^5} = \boxed{\frac{625}{3888}}\ \text{——（答）}$$

5回中2回1の目が出る目の出方の数

$_5C_2$通り

1の目と2の目の出る確率は $\frac{1}{6}$，3以上の目の出る確率は $\frac{4}{6}$

5回投げて，1の目が2回，2の目が2回，それ以外の目が1回出るのは

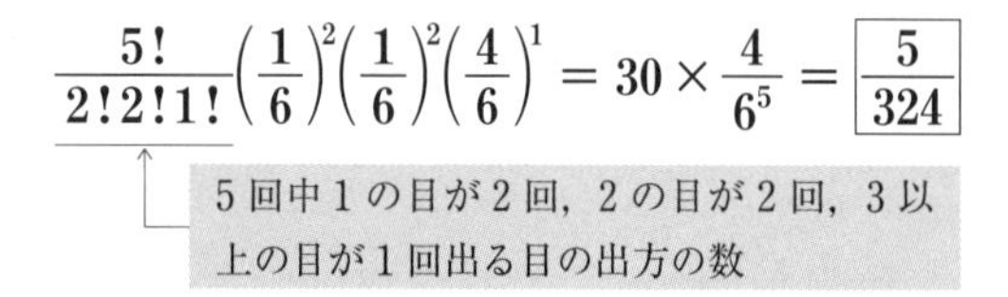

$$\frac{5!}{2!2!1!}\left(\frac{1}{6}\right)^2\left(\frac{1}{6}\right)^2\left(\frac{4}{6}\right)^1 = 30\times\frac{4}{6^5} = \boxed{\frac{5}{324}}$$

5回中1の目が2回，2の目が2回，3以上の目が1回出る目の出方の数

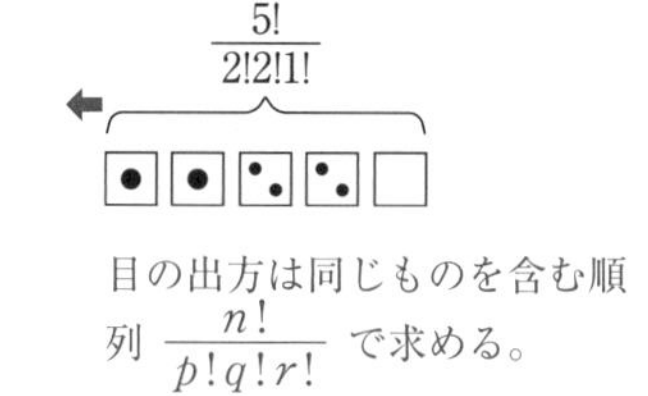

目の出方は同じものを含む順列 $\frac{n!}{p!q!r!}$ で求める。

❖確認問題

(1) 2枚のコインを同時に投げる。5回投げて2枚とも表が出ることが，3回起こる確率を求めよ。

(2) さいころを6回投げるとき，1の目が3回，2または3の目が2回，4以上の目が1回出る確率を求めよ。

◇マスター問題

白玉2個と赤玉1個が入っている袋から，1個の玉を取り出してはもとに戻すという試行を6回くり返す。次の問いに答えよ。

(1) 赤玉が2回出る確率を求めよ。

(2) 6回目に，ちょうど3回目の赤玉が出る確率を求めよ。 〈神奈川大〉

◆チャレンジ問題

2つのチームAとBがあるゲームを行い，先に4試合勝ったチームを優勝とする。また，各試合で引き分けはないものとする。各試合でAがBに勝つ確率は $\frac{3}{5}$，BがAに勝つ確率は $\frac{2}{5}$ である。このとき，Aが4勝0敗で優勝する確率は□，Aが4勝1敗で優勝する確率は□である。また，Aが6試合までに優勝する確率は□である。 〈明治学院大〉

32 条件つき確率（原因の確率）

❖原因の確率❖

Aの袋には白玉が2個と赤玉が6個，Bの袋には白玉が7個と赤玉が3個入っている。さいころを1回投げて，3の倍数の目が出ればAの袋から玉を1個取り出し，そうでなければBの袋から玉を1個取り出す。このとき，次の確率を求めよ。

(1) 取り出した玉が赤玉である確率。

(2) (1)で取り出した赤玉がAの袋から取り出されたものである確率。〈福岡大〉

解 さいころを1回投げたとき，3の倍数が出る確率は $\frac{1}{3}$ だから

Aの袋から玉を取り出す確率は $\frac{1}{3}$ であり

Bの袋から玉を取り出す確率は $\frac{2}{3}$ である。

Aの袋とBの袋から取り出される確率を押えておく。

Aの袋から玉を取り出す事象を A，

赤玉を取り出す事象を X とすると

(2)の赤玉が出る事象とAの袋から取り出される事象を押える。

(1) $P(X)=\frac{1}{3}\times\frac{6}{8}+\frac{2}{3}\times\frac{3}{10}=\frac{1}{4}+\frac{1}{5}=\frac{9}{20}$ ――(答)

$P(A\cap X)$　$P(\overline{A}\cap X)$

(2) 求める確率は $P_X(A)$ である。

$$P_X(A)=\frac{P(A\cap X)}{P(X)}=\frac{P(A\cap X)}{P(A\cap X)+P(\overline{A}\cap X)}$$

（袋Aから赤玉）

（袋Aから赤玉）（袋Bから赤玉）

$$P_X(A)=\frac{P(A\cap X)}{P(X)}=\frac{\frac{1}{4}}{\frac{9}{20}}=\frac{5}{9}$$ ――(答)

❖確認問題

2つの袋A，Bがありどちらの袋にも0から4までの数が記されたカードが1枚ずつ合計5枚入っている。袋Aから2枚，袋Bから1枚取り出した3枚のカードに記された数の積を X とするとき，$X=0$ である確率は□である。このとき，Bから取り出したカードに記された数が1以上である条件つき確率は□である。〈関西学院大〉

◆マスター問題

袋Ａと袋Ｂがある。袋Ａには赤玉が３個と白玉が４個，袋Ｂには赤玉５個と白玉２個入っている。袋Ａから１個の玉を取り出して袋Ｂに入れ，次に袋Ｂから３個の玉を取り出す。この３個の玉がすべて赤玉である確率は□である。また，この３個の玉がすべて赤玉であったとき，最初に袋Ａから取り出して袋Ｂに入れた玉が赤玉である条件つき確率は□である。

〈愛知工大〉

◆チャレンジ問題

ある部品を製造する機械Ａ，Ｂ，Ｃがあり，不良品の発生する割合は，Ａでは10%，Ｂでは20%，Ｃでは5%であるという。A, B, Cからの部品がそれぞれ ５：３：２ の割合で大量に混ざっている中から１個を選び出すとき，それが不良品であるという事象をEとする。このとき，次の値を求めよ。

(1) $P(E)$

(2) 事象Eが起こった原因が機械Ｂにある確率

〈釧路公立大〉

33 期待値

❖ 袋から取り出す球の期待値 ❖

袋の中に赤球3個と白球4個が入っている。袋の中から3個の球を同時に取り出すとき，その中に含まれる赤球の個数の期待値を求めよ。 〈宮城大〉

解 袋から取り出した赤球の個数を X 個とすると，
$X=0,\ 1,\ 2,\ 3$ である。

何を変量とするか，また変量のとる値を押えておく。

7個から3個取り出す総数は ${}_7C_3$ 通り。
$X=k$ のときの確率を p_k とすると

$$p_0=\frac{{}_3C_0\times{}_4C_3}{{}_7C_3}=\frac{4}{35},\quad p_1=\frac{{}_3C_1\times{}_4C_2}{{}_7C_3}=\frac{18}{35}$$

$$p_2=\frac{{}_3C_2\times{}_4C_1}{{}_7C_3}=\frac{12}{35},\quad p_3=\frac{{}_3C_3\times{}_4C_0}{{}_7C_3}=\frac{1}{35}$$

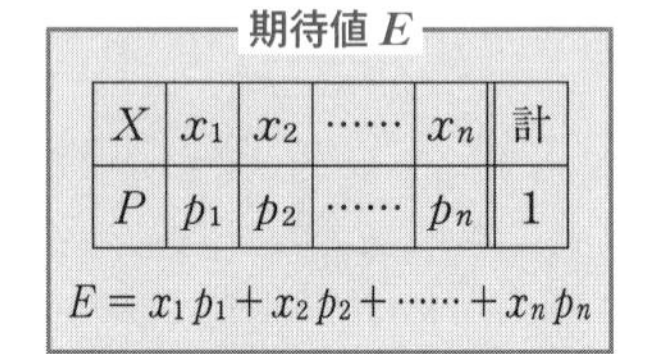

期待値 E

X	x_1	x_2	……	x_n	計
P	p_1	p_2	……	p_n	1

$E=x_1p_1+x_2p_2+\cdots\cdots+x_np_n$

よって，期待値を E とすると

$$E=0\times\frac{4}{35}+1\times\frac{18}{35}+2\times\frac{12}{35}+3\times\frac{1}{35}$$

$$=\frac{45}{35}=\frac{9}{7}\ \text{——(答)}$$

X と確率の対応表

X	0	1	2	3	計
P	$\frac{4}{35}$	$\frac{18}{35}$	$\frac{12}{35}$	$\frac{1}{35}$	1

(確率分布表といい数学Bで扱う。)

❖確認問題

1の目を1つの面に，2の目を2つの面に，3の目を3つの面に書いたさいころがある。このさいころを2回投げて出た目の和を X とするとき，次の確率および期待値を求めよ。

(1) $X=3$ となる確率 (2) X の期待値

(3) X の値が3以下のとき60円，4のとき30円，5以上のとき10円もらえるとして，もらえる金額の期待値 〈広島女子大〉

◇マスター問題

袋の中に赤玉5個と白玉3個が入っている。このとき，次のくじを考える。今この袋から，1つ玉を取り出し，それが赤玉のときには残りの玉の中からもう一回玉を取り出すことができる。以下これを繰り返し，最後に白玉を引いた時点で終了とする。赤玉1個につき200円の賞金がでるとき，このくじの期待値を求めよ。 〈青山学院大〉

◇チャレンジ問題

袋の中に赤，青，黄，緑の4色の球が1個ずつ合計4個入っている。袋から球を1個取り出してその色を記録し袋にもどす試行を，繰り返し4回行う。こうして記録された相異なる色の数を X とし，X の値が k である確率を $p_k(k=1,\ 2,\ 3,\ 4)$ とする。

(1) 確率 p_3，p_4 を求めよ。

(2) X の期待値 E を求めよ。 〈北海道大〉

34 方べきの定理

❖ 方べきの定理 ❖

次の図において，x の値を求めよ。

(1)

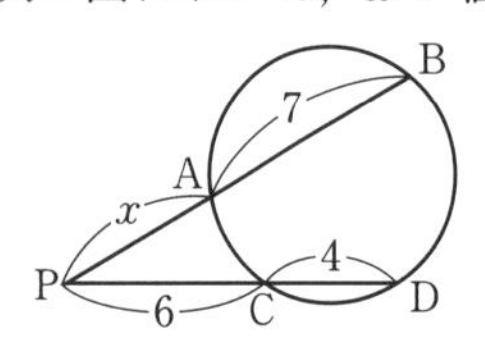

(2)

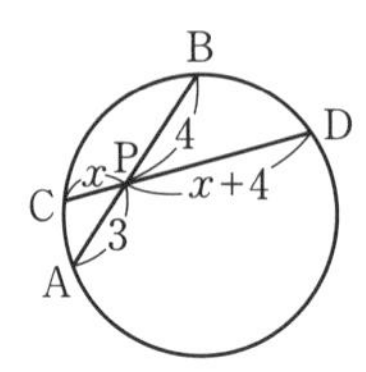

(3)

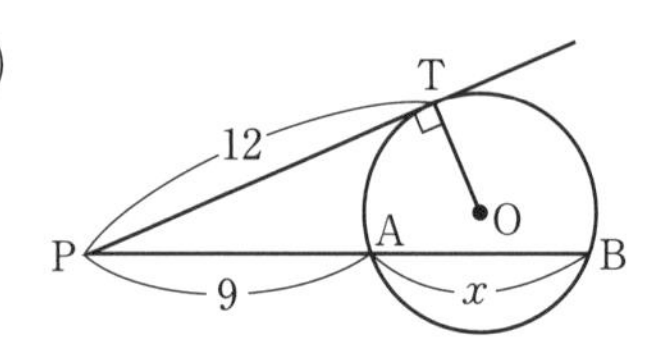

解 (1) 方べきの定理より

PA·PB = PC·PD

$$x(x+7)=6\cdot10$$
$$x^2+7x-60=0$$
$$(x+12)(x-5)=0$$

$x>0$ より $x=5$ ——(答)

(2) 方べきの定理より

$$3\cdot4=x(x+4)$$
$$x^2+4x-12=0$$
$$(x+6)(x-2)=0$$

$x>0$ より $x=2$ ——(答)

(3) 方べきの定理より

PA·PB = PT²

$9(9+x)=12^2$ より $81+9x=144$

$9x=63$ よって，$x=7$ ——(答)

方べきの定理

PA·PB=PC·PD

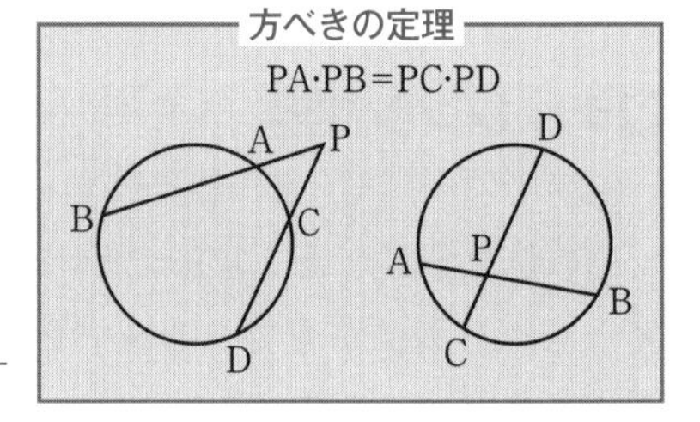

◇マスター問題

次の図において，x の値を求めよ。

(1)

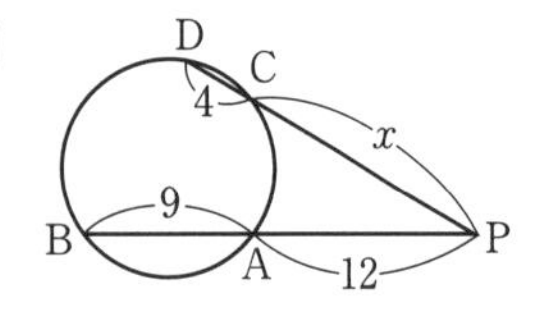

(2)

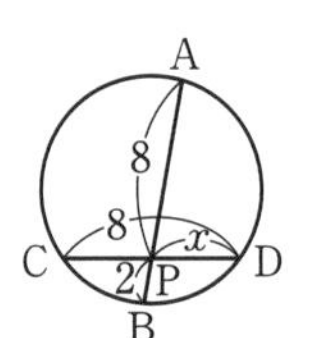

(3)

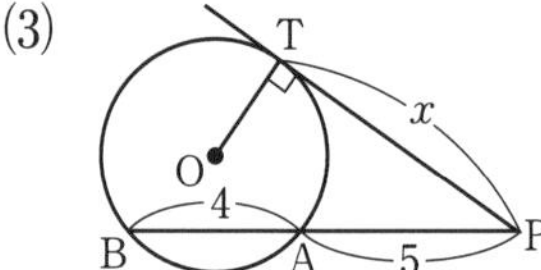

35 円周角，円と接線，内接する四角形

❖ 円周角，接弦定理，円に内接する四角形 ❖

次の図において，x と y の値を求めよ。ただし，l は接線である。

(1)

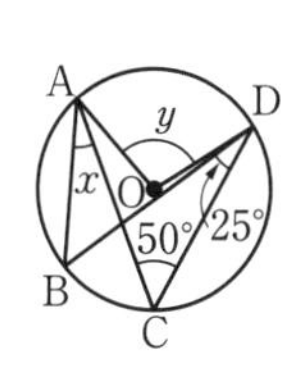

(2)

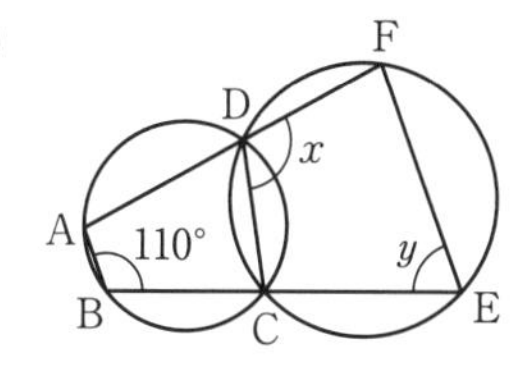

(3)

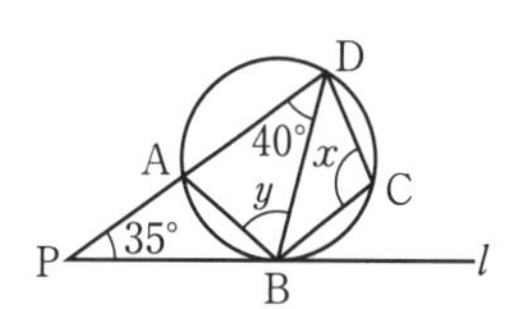

解 (1) $x = \angle BAC = \angle BDC$

$\overset{\frown}{BC}$ に対する円周角

よって，$x = 25°$ ―――(答)

$y = \angle AOD = 2\angle ACD$

(中心角) = 2 × (円周角)

よって，$y = 2 \times 50° = 100°$ ―――(答)

(2) $x = \angle CDF = \angle ABC$

円に内接する四角形の内対角

よって，$x = 110°$ ―――(答)

$x + y = 180°$

円に内接する四角形の向かい合う角

よって，$y = 180° - 110°$

$= 70°$ ―――(答)

(3) $\angle ABP = \angle ADB = 40°$

接弦定理

$x = \angle BCD = \angle PAB$

円に内接する四角形 ABCD の外角

$x = \angle PAB = 180° - (35° + 40°)$

$= 105°$ ―――(答)

$y = 180° - (40° + \angle BAD)$

$= 180° - (40° + 75°)$

$= 65°$ ―――(答)

円に関係する角の関係

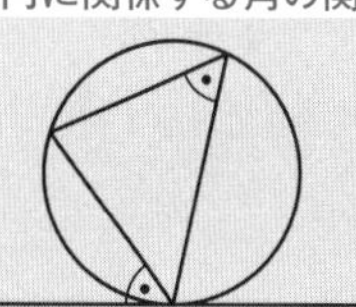

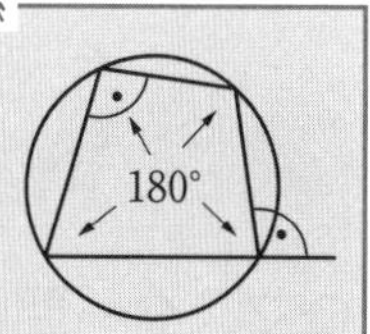

◇マスター問題

次の図において，x と y の値を求めよ。

(1)

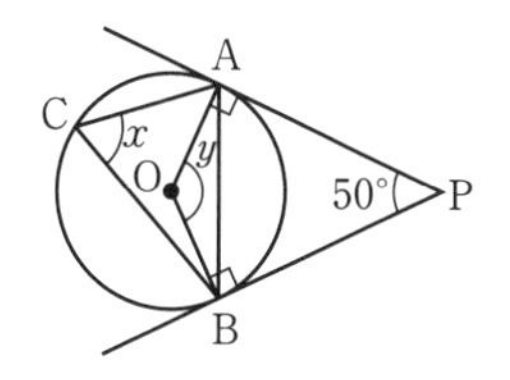

(2)

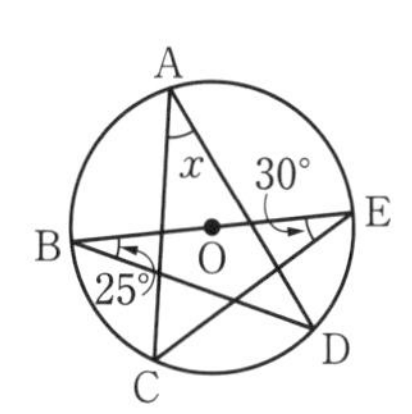

(3)

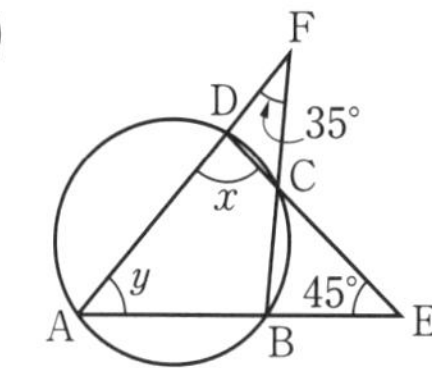

36 円に関する問題

❖ 円と線分の長さ ❖

次の(1), (2)は x の値を，(3)は 2 円が交わるための x の値の範囲を求めよ。

(1)

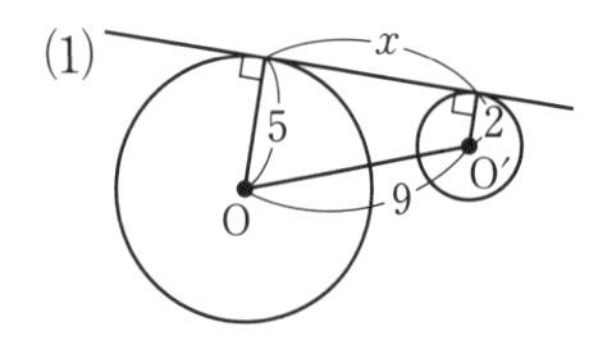

(2)

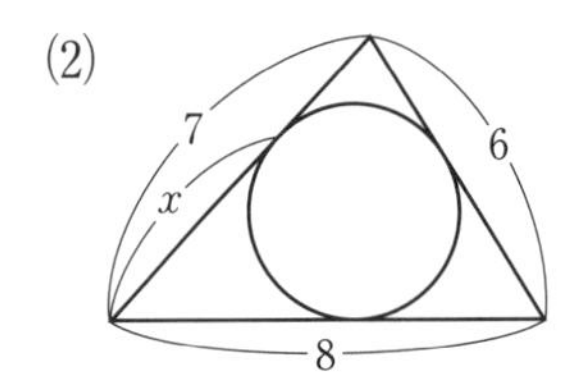

(3)

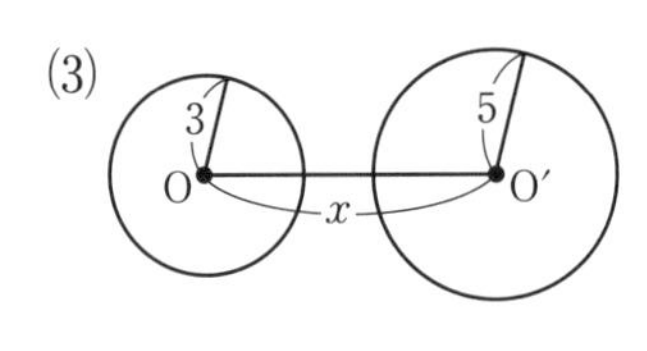

解 (1)

上図のように垂線 O′H を引くと

$$OO'^2 = OH^2 + O'H^2$$

$$9^2 = 3^2 + x^2$$

$$x^2 = 81 - 9 = 72$$

よって，$x = 6\sqrt{2}$ ―(答)

(2)

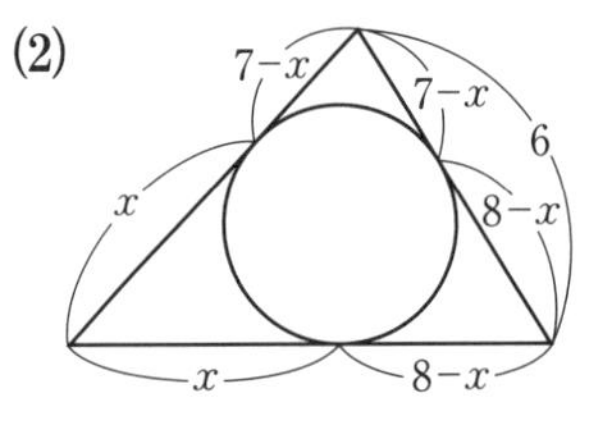

三角形の各頂点から円に引いた接線の長さは等しいから，上図のように表せる。

したがって，

$$(7 - x) + (8 - x) = 6$$

よって，$x = \dfrac{9}{2}$ ――(答)

(3) 外接するとき

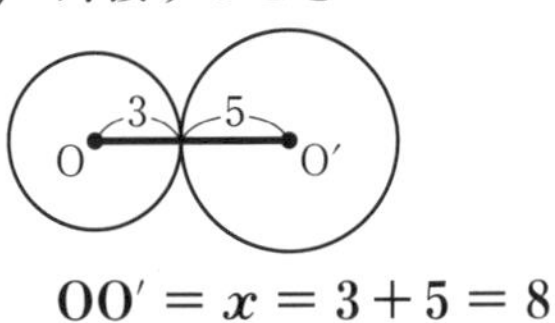

$$OO' = x = 3 + 5 = 8$$

内接するとき

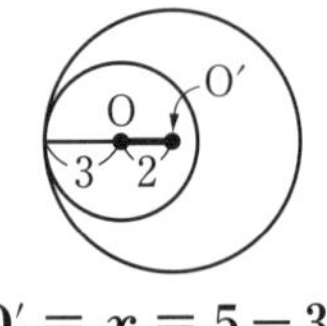

$$OO' = x = 5 - 3 = 2$$

よって，$2 < x < 8$ ―(答)

◆マスター問題

次の(1), (2)は x の値を，(3)は 2 円が交わるための x の値の範囲を求めよ。

(1)

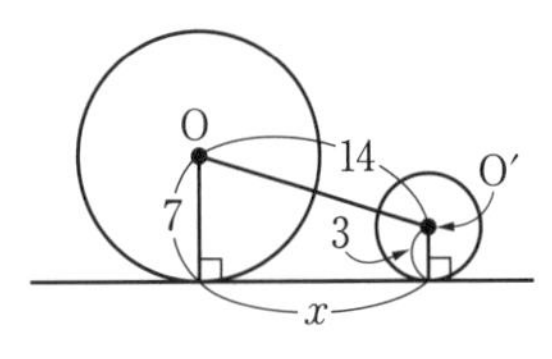

(2)

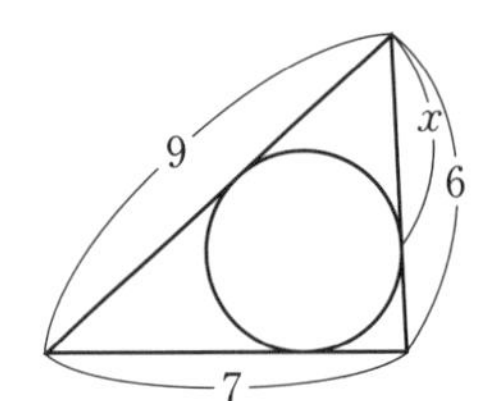

(3)

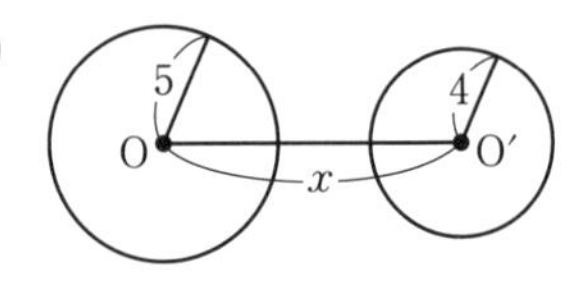

37 チェバ・メネラウスの定理

❖ チェバ・メネラウスの定理 ❖

次の図において，BP：PC を求めよ。

(1)

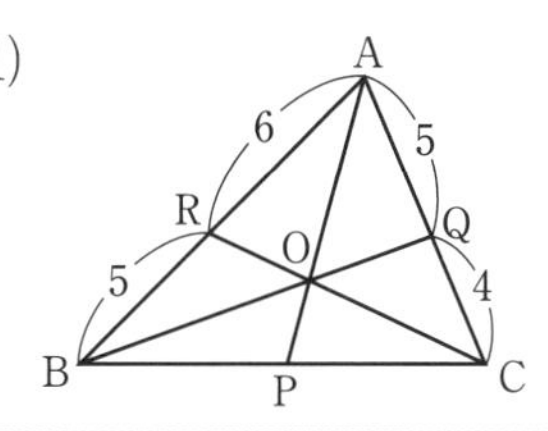

(2)

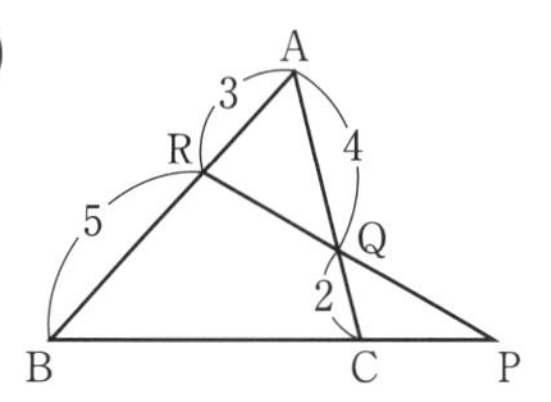

解 **(1) チェバの定理より**

$$\frac{\mathbf{AR}}{\mathbf{RB}}\cdot\frac{\mathbf{BP}}{\mathbf{PC}}\cdot\frac{\mathbf{CQ}}{\mathbf{QA}}=1$$ ← △ABC の内部の点 O で交わっているからチェバの定理

$$\frac{6}{5}\cdot\frac{\mathbf{BP}}{\mathbf{PC}}\cdot\frac{4}{5}=1$$ ← 辺の長さまたは比を代入

24BP ＝ 25PC　よって，BP：PC ＝ 25：24 ―――(答)

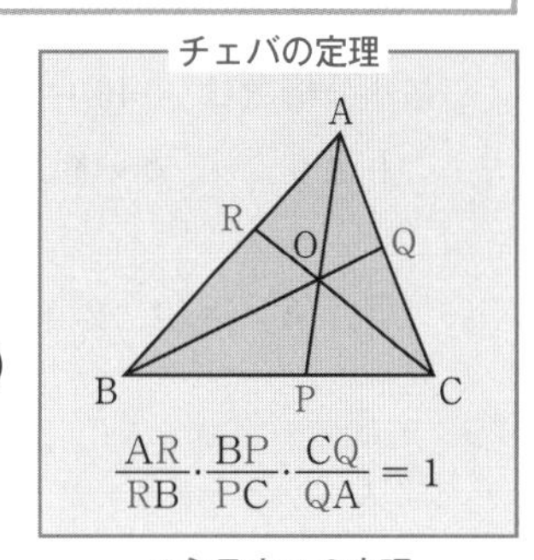

(2) メネラウスの定理より

$$\frac{\mathbf{AR}}{\mathbf{RB}}\cdot\frac{\mathbf{BP}}{\mathbf{PC}}\cdot\frac{\mathbf{CQ}}{\mathbf{QA}}=1$$ ← △ABC を基準としてメネラウスの定理を適用

$$\frac{3}{5}\cdot\frac{\mathbf{BP}}{\mathbf{PC}}\cdot\frac{2}{4}=1$$ ← 辺の長さまたは比を代入

3BP ＝ 10PC　よって，BP：PC ＝ 10：3 ―――(答)

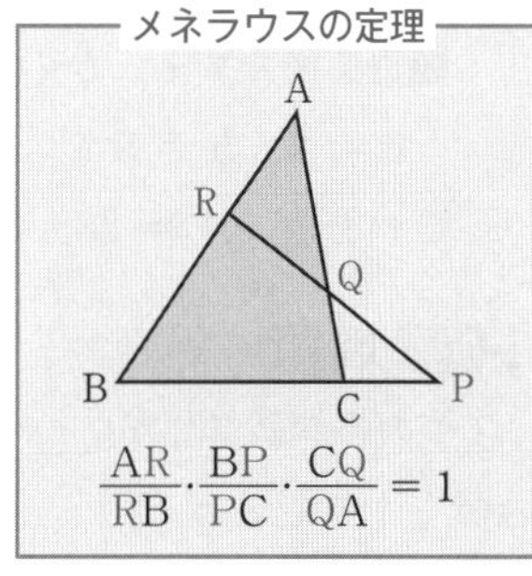

◆マスター問題

(1) 三角形 ABC について，辺 BC を 2：3 に内分する点を P，辺 CA を 4：5 に内分する点を Q，辺 AB を［　］：［　］に内分する点を R とするとき，3 直線 AP，BQ，CR は 1 点で交わる。 〈京都産大〉

(2) 三角形 ABC があり，辺 AC を 1：2 に内分する点を P，BC を 2：5 に外分する点を R，線分 PR と辺 AB の交点を Q とする。BQ：QA ＝［　］：［　］である。 〈神奈川工科大〉

38 最大公約数・最小公倍数

❖素因数分解の利用❖

2桁の3つの自然数14, A, B ($A < B$) があり，この最大公約数は7で，最小公倍数は140である。自然数A, Bを求めよ。

解 3つの数14, A, Bは最大公約数が7だから

$14 = 7 \times 2$, $A = 7a$, $B = 7b$ ($a < b$) と表せる。

2数A, Bは最大公約数と残りの因数の積で表される

最小公倍数は $140 = 7 \times 2^2 \times 5$

これより，a, bの組は

a, bの組は最大公約数の7以外の $2^2 \times 5$ の素因数の組合せを考える

$(a, b) = (1, 2^2 \times 5), (2, 2 \times 5), (2^2, 5)$

最大公約数が14になってしまう → $A = \underline{7 \times 2}$, $B = \underline{7 \times 2} \times 5$

$A = 7$ で2桁にならない → $A = 7 \times 1$, $B = 7 \times 2^2 \times 5$

題意を満たすa, bの組は

$a = 4$, $b = 5$

このとき，$A = 28$, $B = 35$ ――(答)

❖確認問題

3つの自然数40, 56, nがある。最大公約数は8で，最小公倍数は560である。このとき，nの値をすべて求めよ。

◇マスター問題

3桁の自然数2つの和が756，最大公約数が84である。このような自然数の組を求めよ。

〈倉敷芸科大〉

◇チャレンジ問題

次の3つの条件を満たす3個の整数a，b，c（$0 < a < b < c$）の値を求めよ。

(1) a，b，cの最大公約数は6

(2) bとcの最大公約数は24，最小公倍数は144

(3) aとbの最小公倍数は240

〈専修大〉

39 不定方程式と互除法

❖ 不定方程式の解 ❖

(1) 方程式 $61x+27y=1$ を満たす整数解を1つ求めよ。

(2) 方程式 $61x+27y=5$ を満たす整数解をすべて求めよ。

解 (1) $61=27\times2+7 \longrightarrow 7=61-27\times2$ ……①

$27=7\times3+6 \longrightarrow 6=27-7\times3$ ……②

$7=6\times1+1$ 　②を代入　①を代入

$1=7-6\times1=7-(27-7\times3)\times1=7\times4-27$

$=(61-27\times2)\times4-27=61\times4-27\times9$

ゆえに　$61\times4+27\times(-9)=1$ ……③

よって，整数解の1つは $x=4$，$y=-9$ ―――(答)

(2) $61x+27y=\underset{\sim}{5}$ ……④，③の両辺を5倍して

$61\times20+27\times(-45)=\underset{\sim}{5}$ ……⑤，④－⑤ より

$61(x-20)+27(y+45)=0$

$61(x-20)=27(-y-45)$，61 と -27 は互いに素であるから

$x-20=27k$，$-y-45=61k$ （k は整数）と表せる。

よって，$x=27k+20$，$y=-61k-45$ （k は整数）―――(答)

右辺の定数を5にそろえて辺々引き算をする

⬅互除法を利用して1つの整数解を見つける。

⬅$1=7-6\times1$ の式に②，①の余りを表した右辺を順次代入して，61 と 27 を残す。

❖確認問題

(1) 方程式 $55x+72y=1$ を満たす整数解を1つ求めよ。 〈島根大〉

(2) 方程式 $55x+72y=4$ を満たす整数解をすべて求めよ。

◇マスター問題

方程式 $37x+15y=1$ の整数解 x, y について，x を 15 で割った余りは［　］であり，y を 37 で割った余りは［　］である。

〈立教大〉

◆チャレンジ問題

46 で割ると余りが 7 であり，97 で割ると余りが 11 である自然数 n のうち，4 桁で最大のものを求めよ。

〈名城大〉

40 不定方程式

❖ 不定方程式の整数解 ❖

(1) $xy+3x-2y+1=0$ を満たす整数 x，y の組をすべて求めよ。

(2) $\dfrac{3}{x}+\dfrac{1}{2y}=1$ を満たす正の整数 x，y の組をすべて求めよ。

解 (1) $xy+3x-2y+1=0$

> $x(y+3)$ とし，$-2y$ を $(y+3)$ が出てくるように $-2(y+3)+6$ と変形する

$x(y+3)-2(y+3)+6+1=0$

$(x-2)(y+3)=-7$

> (整数)×(整数)＝(定数) の形をつくる

x，y は整数だから

$(x-2,\ y+3)=(1,\ -7),\ (-1,\ 7),\ (7,\ -1),\ (-7,\ 1)$

よって，$(x,\ y)=(3,\ -10),\ (1,\ 4),\ (9,\ -4),\ (-5,\ -2)$ ――(答)

(2) 与式の両辺に $2xy$ を掛けて

$6y+x=2xy$ より $2xy-x-6y=0$

> 分母を払って，(1)と同じ形の式にする

$x(2y-1)-3(2y-1)-3=0$

$(x-3)(2y-1)=3$

> $2y-1$ が出てきたから，$x(2y-1)$ とし，$-6y$ を $(2y-1)$ が出てくるように $-3(2y-1)-3$ と変形する

x，y は正の整数だから $x-3\geqq-2,\ 2y-1\geqq1$

> $x\geqq1$，$y\geqq1$ だから $x-3$，$2y-1$ の範囲が押さえられる

$(x-3,\ 2y-1)=(1,\ 3),\ (3,\ 1)$

よって，$(x,\ y)=(4,\ 2),\ (6,\ 1)$ ――(答)

❖確認問題

(1) $xy+2x-5y-21=0$ を満たす整数 x，y の組 $(x,\ y)$ をすべて求めよ。

(2) 等式 $\dfrac{1}{x}+\dfrac{1}{y}=\dfrac{2}{3}$ を満たす自然数 x，y の組 $(x,\ y)$ をすべて求めよ。 〈長崎大〉

◇マスター問題

$\sqrt{n^2+27}$ が整数であるような自然数 n をすべて求めよ。 〈岡山県立大〉

◇チャレンジ問題

(1) $4x^2+10x-y^2-y+6$ を因数分解せよ。

(2) $4x^2+10x-y^2-y=0$ を満たす整数の組 $(x,\ y)$ をすべて求めよ。

〈日本女子大〉

41　p 進法

❖ p 進法の種々の問題 ❖

(1)　2 進法で 10101 である数と 5 進法で 111 である数の和は 3 進法で 222 である数の何倍か。その倍数を 3 進法で表せ。〈愛知学院大〉

(2)　5×9^{10} を 3 進法で表すと何桁の数か。

(3)　3 進法で表された 2 桁の自然数 n を 5 進法で表したら，数字の並びが反対になった。この自然数を 10 進法で表せ。〈摂南大〉

(4)　10 進法でも 5 進法でも表せる 2 桁の自然数は何個あるか。

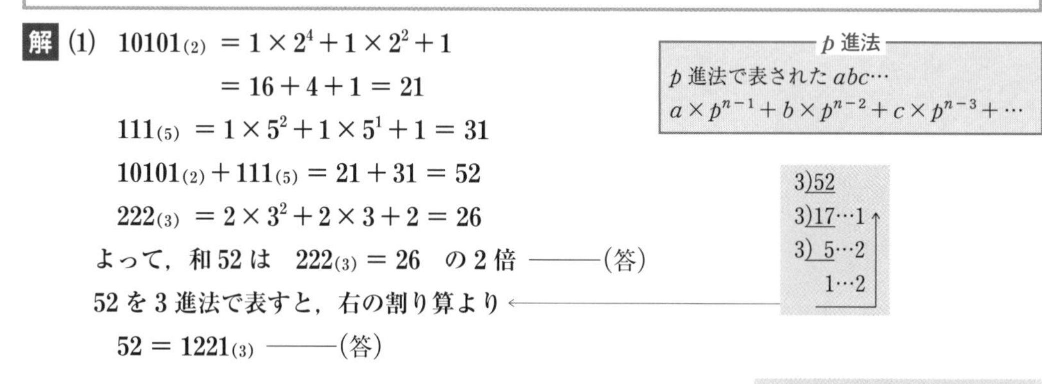

解 (1)　$10101_{(2)} = 1\times 2^4 + 1\times 2^2 + 1$

$= 16 + 4 + 1 = 21$

$111_{(5)} = 1\times 5^2 + 1\times 5^1 + 1 = 31$

$10101_{(2)} + 111_{(5)} = 21 + 31 = 52$

$222_{(3)} = 2\times 3^2 + 2\times 3 + 2 = 26$

よって，和 52 は　$222_{(3)} = 26$　の 2 倍 ———(答)

52 を 3 進法で表すと，右の割り算より

$52 = 1221_{(3)}$ ———(答)

p 進法
p 進法で表された $abc\cdots$
$a\times p^{n-1} + b\times p^{n-2} + c\times p^{n-3} + \cdots$

3)52
3)17…1
3) 5…2
　1…2

(2)　$5\times 9^{10} = (3+2)\times(3^2)^{10} = (3+2)\times 3^{20}$ ← 3 進法で表すから 5 を 3 以下の数に分解する

（3 進法：$a\times 3^{n-1} + b\times 3^{n-1} + \cdots$ の形にする）

$= 3\times 3^{20} + 2\times 3^{20} = 3^{21} + 2\times 3^{20}$

（3^{21} は 22 桁の数）

よって，22 桁の数 ———(答)

(3)　$n = a\times 3 + b = b\times 5 + a$　$(1 \leqq a \leqq 2,\ 1 \leqq b \leqq 2)$ と表せるから

（3 進法と 5 進法の 2 桁の数）

$2a = 4b$　より　$a = 2b$

（$1 \leqq a \leqq 2,\ 1 \leqq b \leqq 2$ の条件より）

これを満たすのは　$a = 2,\ b = 1$

よって，$n = 2\times 3 + 1 = 7$ ———(答)

(4)　この自然数を N とすると

$10 \leqq N < 10^2$　かつ　$5 \leqq N < 5^2$　と表せる。

（10 進法で 2 桁の数）（5 進法で 2 桁の数）

p 進法で n 桁の数
p 進法で n 桁の自然数 N
$p^{n-1} \leqq N < p^n$

$10 \leqq N < 100,\quad 5 \leqq N < 25$　を同時に満たす N は

$10 \leqq N < 25$

（N は 10 から 24 までの自然数）

よって，$24 - 9 = 15$ (個) ———(答)

◇マスター問題

(1) 8 進法で表すと 631 である数を 10 進法で表せ。また，2 進法で表すと 111.101 である数を 10 進法で表せ。 〈北星学園大〉

(2) 5×8^{10} を 2 進法で表すと，何桁の数か。 〈拓殖大〉

(3) 8 進法で表すと 3 桁の数 abc となり，7 進法に直すと 3 桁の数 cba となるとする。この数を 10 進法で書け。 〈神戸女子薬大〉

◇チャレンジ問題

(1) 自然数のうち，10 進法で表しても 5 進法で表しても，3 桁になるものは全部で何個あるか。

(2) 自然数のうち，10 進法で表しても 5 進法で表しても，4 桁になるものは存在しないことを示せ。 〈東京女子大〉

42 倍数の証明

❖倍数の証明❖

n が 3 以上の奇数のとき，n^3-n は 24 で割り切れることを示せ。 〈宮崎大〉

解 $n=2k+1$ (k は自然数) とおくと

$$
\begin{aligned}
n^3-n &= n(n+1)(n-1) \\
&= (2k+1)(2k+1+1)(2k+1-1) \\
&= 4k(k+1)(2k+1) \\
&= 4k(k+1)\{(k+2)+(k-1)\} \\
&= 4\{k(k+1)(k+2)+(k-1)k(k+1)\}
\end{aligned}
$$

$2k+1$ を $k+2$ と $k-1$ に分ける

これは，4 の倍数であり，$\{\quad\}$ 内は連続する 3 つの整数の積だから 6 の倍数である。

よって，n^3-n は $4\times6=24$ の倍数である。

別解 $k(k+1)(2k+1)$ が 6 の倍数であることの証明

(i) $k=3m$ のとき，k が 3 の倍数だから与式は 3 の倍数

(ii) $k=3m+1$ のとき

$2k+1=2(3m+1)+1=3(2m+1)$ となり与式は 3 の倍数

(iii) $k=3m+2$ のとき

$k+1=(3m+2)+1=3(m+1)$ となり与式は 3 の倍数

また，$k(k+1)$ は 2 の倍数だから与式は 6 の倍数である。

◆マスター問題

n が奇数のとき，$S=n+(n+1)^2+(n+2)^3$ は 16 の倍数であることを示せ。 〈富山大〉

こたえ

1 因数分解

●確認問題

(1) $(a+2)(a-2)(ab-3)$

(2) $(x-3y+2)(2x+y-3)$

●マスター問題

(1) $(ab+a+1)(ab+b+1)$

(2) $(x+y)(x-2y+3z)$

●チャレンジ問題

$(x-6)^2(x^2-12x+26)$

2 式の値

●確認問題

$\boxed{52\sqrt{5}}$

●マスター問題

$x^3+y^3=6\sqrt{3}$, $\dfrac{y}{x^2}+\dfrac{x}{y^2}=6\sqrt{3}$

●チャレンジ問題

$x^2+\dfrac{1}{x^2}=\boxed{3}$, $x^3+\dfrac{1}{x^3}=\boxed{2\sqrt{5}}$, $x^4-\dfrac{1}{x^4}=\boxed{3\sqrt{5}}$

3 整数部分と小数部分

●確認問題

整数部分は $\boxed{2}$，小数部分は $\boxed{\dfrac{\sqrt{7}-2}{3}}$

●マスター問題

$a=4$, $ab+b^2=3$

●チャレンジ問題

$xy=\boxed{2\sqrt{2}}$, $x^2+y^2=\boxed{12+4\sqrt{2}}$，整数部分は $\boxed{5}$

4 絶対値を含む方程式・不等式

●確認問題

(1) $x=1$　(2) $\dfrac{2}{3}\leqq x\leqq 6$

●マスター問題

$x=-\dfrac{2}{3}$, $\dfrac{4}{3}$

●チャレンジ問題

a の値の範囲は $0\leqq a\leqq 2$,

不等式の解は $-1<x<3$

5 2次関数の決定(1)

●確認問題

(1) $y=(x-2)^2-1$

(2) $y=-2(x-3)^2+3$

●マスター問題

$y=\dfrac{4}{9}x^2-\dfrac{16}{9}x+\dfrac{16}{9}$

●チャレンジ問題

$y=2x^2+4x-3$, $y=2x^2-8x+9$

6 2次関数の決定(2)

●確認問題

$a=\boxed{5}$, $b=\boxed{7}$

●マスター問題

$a=-2$, $\dfrac{6}{13}$

●チャレンジ問題

$a=1$, $b=6$ または $a=-1$, $b=2$

7 2次関数の最大，最小

●確認問題

$\begin{cases} 0<a<2 \text{ のとき } m=a^2-4a+5\ (x=a) \\ 2\leqq a \text{ のとき } m=1\ (x=2) \end{cases}$

$\begin{cases} 0<a\leqq 4 \text{ のとき } M=5\ (x=0) \\ 4<a \text{ のとき } M=a^2-4a+5\ (x=a) \end{cases}$

●マスター問題

$a=1$ のとき最大値 1

●チャレンジ問題

$-3<a<1$

8 条件がある場合の最大，最小

●確認問題

$\boxed{0}\leqq y\leqq\boxed{3}$，最大値 $\boxed{36}$

●マスター問題

$x=\boxed{2}$ のとき最大値 $\boxed{8}$,

$x=\boxed{\dfrac{2}{3}}$ のとき最小値 $\boxed{\dfrac{8}{3}}$

●チャレンジ問題

最大値 $\boxed{\dfrac{9}{2}}$，最小値 $\boxed{0}$

9 合成関数の最大，最小

●確認問題

$x=1$ のとき最小値 -3

●マスター問題

(1) $y=t^2-4t-2$

(2) $x=1$ のとき最大値 3,
$x=1+\sqrt{3}$ のとき最小値 -6

●チャレンジ問題

(1) $-\sqrt{5} \leqq t \leqq \sqrt{5}$

(2) t^2-2t-5

(3) $t=-\sqrt{5}$ のとき最大値 $2\sqrt{5}$
$t=1$ のとき最小値 -6

10 2次方程式の解と2次関数のグラフ

●確認問題

(1) $1<a<3$　(2) $3<a<6$

●マスター問題

(1) $2<k<3$　(2) $2<k<\frac{11}{5}$

●チャレンジ問題

$-\frac{3}{2}<a<-1,\ 3<a<\frac{7}{2}$

11 2次不等式

●確認問題

(1) $a>3$ のとき $x \leqq 3,\ a \leqq x$,
$a<3$ のとき $x \leqq a,\ 3 \leqq x$,
$a=3$ のとき すべての実数

(2) $a>\frac{1}{2}$ のとき $1-a<x<a$,
$a=\frac{1}{2}$ のとき 解はない,
$a<\frac{1}{2}$ のとき $a<x<1-a$

●マスター問題

$\boxed{-2}<x<\boxed{a}$,
$x<\boxed{-2a}$, $\boxed{2}<x$,
$\boxed{1} \leqq a \leqq \boxed{2}$

●チャレンジ問題

$\boxed{-8}<x<\boxed{-1}$, $\boxed{-\frac{1}{3}} \leqq a \leqq \boxed{\frac{1}{2}}$

12 不等式が含む整数の個数

●確認問題

$8<a \leqq 11$

●マスター問題

$\boxed{2a<x<2a+1}$, $\boxed{\frac{1}{2}<a<1}$

●チャレンジ問題

(1) $x=0,\ 1,\ 2$

(2) $\begin{cases} 0<a \leqq 1 \text{ のとき } 1\text{ 個} \\ 1<a \leqq 2 \text{ のとき } 2\text{ 個} \\ 2<a \text{ のとき } 3\text{ 個} \end{cases}$

13 すべての x で $ax^2+bx+c>0$ が成り立つ

●確認問題

(1) $k>1$　(2) $1<k<5$　(3) $1<k<5$

●マスター問題

$a<-\frac{1}{3}$

●チャレンジ問題

$\frac{2}{5} \leqq a \leqq 2$

14 命題と条件

●確認問題

(1) 必要十分条件である　(2) 十分条件である

(3) 必要条件でも十分条件でもない

(4) 必要条件である　(5) 必要条件である

●マスター問題

(1) 必要条件でも十分条件でもない

(2) 必要十分条件である

(3) 十分条件である　(4) 十分条件である

●チャレンジ問題

(1) D　(2) B　(3) C　(4) A

15 集合の要素の個数

●確認問題

$A \cap B$ の要素の個数 $\boxed{33}$

$\overline{A} \cap \overline{B}$ の要素の個数 $\boxed{667}$

●マスター問題

(1) $n(A)=166,\ n(B)=125$

(2) $n(A \cap B)=41$　(3) $n(A \cup B)=250$

●チャレンジ問題

(1) 78人　(2) 7人

16 $\sin\theta$, $\cos\theta$, $\tan\theta$ の相互関係

●確認問題

(1) $0^\circ<\theta<90^\circ$ のとき, $\cos\theta=\frac{\sqrt{3}}{3}$
$\tan\theta=\sqrt{2}$

$90^\circ<\theta<180^\circ$ のとき, $\cos\theta=-\frac{\sqrt{3}}{3}$,
$\tan\theta=-\sqrt{2}$

(2) $\sin\theta=\frac{\sqrt{5}}{5}$, $\cos\theta=-\frac{2\sqrt{5}}{5}$

●マスター問題

(1) $-2\sqrt{2}$

(2) $\cos^2\theta=\boxed{\frac{4}{13}}$，$(\sin\theta+\cos\theta)^2=\boxed{\frac{25}{13}}$

●チャレンジ問題

$\sin\theta=\frac{4}{5}$，$\cos\theta=\frac{3}{5}$

17 $\sin\theta$，$\cos\theta$，$\tan\theta$ と式の値

●確認問題

(1) $-\frac{4}{9}$　(2) $\frac{7}{16}$

●マスター問題

$\sin\theta\cos\theta=\boxed{\frac{1}{4}}$，$\tan\theta+\frac{1}{\tan\theta}=\boxed{4}$

●チャレンジ問題

(1) $\frac{1}{8}$　(2) $\frac{7\sqrt{5}}{16}$　(3) $\pm\frac{\sqrt{3}}{2}$

18 $\sin\theta$，$\cos\theta$ で表された関数

●確認問題

(1) $x=90°$ のとき最大値 1，
　$x=30°$，$150°$ のとき最小値 0

(2) $x=180°$ のとき最大値 3，
　$x=0°$ のとき最小値 -1

●マスター問題

$x=30°$，$150°$ のとき最大値 10，
$x=0°$，$90°$，$180°$ のとき最小値 9

●チャレンジ問題

$$M(a)=\begin{cases}1 & (a<0)\\ \frac{a^2}{4}+1 & (0\leqq a\leqq 2)\\ a & (a>2)\end{cases}$$

$b=\frac{a^2}{4}+1$　b　$b=a$　2　$b=1$　1　O　2　a

$M(a)$ の最小値は，$a\leqq 0$ のとき 1

19 外接円と内接円の半径

●確認問題

(1) $6\sqrt{3}$　(2) $\frac{2\sqrt{3}}{3}$

●マスター問題

面積は $\boxed{\frac{15\sqrt{3}}{4}}$，内接円の半径は $\boxed{\frac{\sqrt{3}}{2}}$，

外接円の半径は $\boxed{\frac{7\sqrt{3}}{3}}$

●チャレンジ問題

(1) 4 または 5　(2) $\frac{15\sqrt{7}}{4}$

(3) 外接円の半径 $\frac{8\sqrt{7}}{7}$，内接円の半径 $\frac{\sqrt{7}}{2}$

20 円に内接する四角形

●確認問題

(1) $\sqrt{10}$　(2) $\sqrt{5}$

●マスター問題

(1) $\sqrt{37}$　(2) 4　(3) $3\sqrt{3}$　(4) $\frac{\sqrt{111}}{3}$

●チャレンジ問題

$\angle ABC=\boxed{45°}$，AC の長さは $\boxed{\sqrt{10}}$

円 I の半径は $\boxed{\sqrt{5}}$，四角形 ABCD の面積は $\boxed{7}$

21 箱ひげ図

●確認問題

(1) 14 人以上

(2) 男子の方が多いといえる

●マスター問題

⓪

●チャレンジ問題

正しいものは $\boxed{a}$，$\boxed{c}$，$\boxed{e}$

22 平均値と分散・標準偏差

●確認問題

(1) $\overline{x}=7$，$s=2\sqrt{2}$

(2) 平均値は同じ，標準偏差は大きくなる

●マスター問題

平均点は $\boxed{6}$，分散は $\boxed{8}$

●チャレンジ問題

1 回目のテストの成績の分散は $\boxed{4}$

2 回目のテストの成績は平均点 $\boxed{6}$

標準偏差 $\boxed{\sqrt{3}}$

23 相関係数と散布図

●マスター問題

共分散は $\boxed{\frac{16}{5}}$，相関係数は $\boxed{0.8}$

●チャレンジ問題

(1) $\boxed{\text{(A)}}$　(2) ア $\boxed{0}$，イ $\boxed{8}$

(3) ウ $\boxed{5}$，エ $\boxed{9}$

(4) オ $\boxed{-\frac{27\sqrt{10}}{200}}$

24 いろいろな順列

●確認問題

(1) 990（通り） (2) 1260（通り）

(3) 180（個）

●マスター問題

(1) 4320（通り） (2) 14400（通り）

(3) 6720（通り）

●チャレンジ問題

192（通り）

25 整数を並べる

●確認問題

[60] 個, [48] 個, [24] 個

●マスター問題

3 桁の整数は [210] 個, 偶数は [90] 個,

345 以上の整数は [138] 個, 67 番目の整数は [324]

●チャレンジ問題

(1) 55（個） (2) 120（個） (3) 36（個）

26 組合せ

●確認問題

[50] 通り, [110] 通り

●マスター問題

5 人, 5 人に分けるのは [126] 通り,

2 人, 2 人, 3 人, 3 人に分けるのは [6300] 通り,

特定の 1 人が 2 人の組に入るのは [2520] 通り

●チャレンジ問題

(1) 220（通り） (2) 231（通り）

(3) 3895（通り） (4) 120（通り）

27 並んでいるものの間に入れる順列

●確認問題

(1) [14400] 通り (2) [2400] 通り

●マスター問題

(1) 1152（通り） (2) 384（通り）

●チャレンジ問題

(1) 14400（通り） (2) [720] 通り

28 確率の基本

●確認問題

(1) $\frac{3}{7}$ (2) $\frac{1}{42}$ (3) $\frac{1}{6}$

●マスター問題

(1) (i) $\frac{2}{7}$ (ii) $\frac{1}{420}$

(2) (i) $\frac{5}{42}$ (ii) $\frac{10}{21}$

●チャレンジ問題

$\frac{1}{18}$

29 余事象の確率

●確認問題

(1) $\frac{47}{91}$ (2) $\frac{14}{15}$

●マスター問題

(1) $\frac{3}{19}$ (2) $\frac{48}{95}$

●チャレンジ問題

(1) 27（通り） (2) $\frac{7}{9}$ (3) $\frac{19}{27}$

30 続けて起こる場合の確率

●確認問題

(1) $\frac{1}{4}$ (2) $\frac{1}{4}$ (3) $\frac{15}{38}$

●マスター問題

4 回目に赤玉を取り出す確率は $\boxed{\frac{375}{4096}}$,

3 回以内で赤玉を取り出す確率は $\boxed{\frac{387}{512}}$

●チャレンジ問題

(1) $\frac{4}{9}$ (2) $\frac{13}{45}$ (3) $\frac{37}{225}$

31 反復試行の確率

●確認問題

(1) $\frac{45}{512}$ (2) $\frac{5}{324}$

●マスター問題

(1) $\frac{80}{243}$ (2) $\frac{80}{729}$

●チャレンジ問題

4 勝 0 敗で優勝する確率 $\boxed{\frac{81}{625}}$

4 月 1 敗で優勝する確率 $\boxed{\frac{648}{3125}}$

6 試合までに優勝する確率 $\boxed{\frac{1701}{3125}}$

32 条件つき確率

●確認問題

$X=0$ である確率 $\boxed{\frac{13}{25}}$ 1 以上である確率 $\boxed{\frac{8}{13}}$

●マスター問題

すべて赤玉である確率 $\boxed{\frac{25}{98}}$

赤玉である条件つき確率 $\boxed{\frac{3}{5}}$

●チャレンジ問題

(1) $\frac{3}{25}$　(2) $\frac{1}{2}$

33 期待値

●確認問題

(1) $\frac{1}{9}$　(2) $\frac{14}{3}$　(3) $\frac{45}{2}$

●マスター問題

250（円）

●チャレンジ問題

(1) $p_3=\frac{9}{16}$，$p_4=\frac{3}{32}$　(2) $\frac{175}{64}$

34 方べきの定理

●マスター問題

(1) $x=14$　(2) $x=4$　(3) $x=3\sqrt{5}$

35 円周角，円と接線，内接する四角形

●マスター問題

(1) $x=65°$，$y=130°$　(2) $x=35°$

(3) $x=85°$，$y=50°$

36 円に関する問題

●マスター問題

(1) $x=6\sqrt{5}$　(2) $x=4$　(3) $1<x<9$

37 チェバ・メネラウスの定理

●マスター問題

(1) 15 : 8　(2) 4 : 5

38 最大公約数・最小公倍数

●確認問題

$n=16$，80，112，560

●マスター問題

(168，588)，(336，420)

●チャレンジ問題

$a=30$，$b=48$，$c=72$

39 不定方程式と互除法

●確認問題

(1) $x=-17$，$y=13$

(2) $x=72k-68$，$y=-55k+52$（k は整数）

●マスター

15 で割った余り 13

37 で割った余り 5

●チャレンジ問題

7965

40 不定方程式

●確認問題

(1) $(x, y)=(6, 9)$，$(16, -1)$，$(4, -13)$，$(-6, -3)$

(2) $(x, y)=(2, 6)$，$(3, 3)$，$(6, 2)$

●マスター問題

$n=3$，13

●チャレンジ問題

(1) $(2x-y+2)(2x+y+3)$

(2) $(x, y)=(0, 0)$，$(0, -1)$，$(-3, 2)$，$(-3, -3)$

41 p 進法

●マスター問題

(1) $631_{(8)}=409_{(10)}$，$111.101_{(2)}=7.625_{(10)}$

(2) 33 桁の数　(3) $220_{(10)}$

●チャレンジ問題

(1) 25（個）　(2)（略）

42 倍数の証明

●マスター問題

（略）

編修：福島(ふくしま)　國光(くにみつ)

大学入試 短期集中ゼミノート
数学 I+A

2022年　11月1日　初版第1刷発行
2024年　12月1日　　　第3刷発行

●著作者 ―――― 福島　國光
●発行者 ―――― 小田　良次
●印刷所 ―――― 株式会社　太洋社

●発行所 ―――― 実教出版株式会社
〒102-8377
東京都千代田区五番町5
電話〈営業〉03-3238-7777
　　〈編修〉03-3238-7785
　　〈総務〉03-3238-7700
https://www.jikkyo.co.jp/

002502023　　ISBN 978-4-407-35998-5